普通高等教育"十二五"部委级规划教材（高职高专）

专业认知与职业规划系列教材

专业认知与职业规划

（纺织技术类）

江苏工程职业技术学院　组织编写

耿琴玉　主编

金永安　宋　波　副主编

中国纺织出版社

内 容 提 要

本书是为满足高职高专纺织技术类专业教学改革需要而编写的一本专业认知教材，其将行业认识、专业教育、思想教育、就业教育融为一体，旨在帮助学生对纺织技术类专业进行解读和对未来职业进行规划设计。

本教材主要包含高职教育认知、纺织行业认知、职业与专业认知、学习与学业规划、职业生涯设计五部分内容，可作为高职高专纺织类专业的通用教材，也可作为中等职业学校的参考教材。

图书在版编目（CIP）数据

专业认知与职业规划：纺织技术类 / 耿琴玉主编 .—北京：中国纺织出版社，2014.11（2023.2 重印）
普通高等教育"十二五"部委级规划教材 . 高职高专
ISBN 978-7-5180-0885-8

Ⅰ . ①专…　Ⅱ . ①耿…　Ⅲ . ①纺织工业—职业选择—高等职业教育—教材　Ⅳ . ① TS1

中国版本图书馆 CIP 数据核字（2014）第 190552 号

策划编辑：符　芬　　特约编辑：徐屹然　　责任校对：楼旭红
责任设计：何　建　　责任印制：何　建

中国纺织出版社出版发行
地址：北京市朝阳区百子湾东里A407号楼　邮政编码：100124
销售电话：010 — 67004422　传真：010 — 87155801
http://www.c-textilep.com
中国纺织出版社天猫旗舰店
官方微博 http://weibo.com/2119887771
北京虎彩文化传播有限公司印刷　各地新华书店经销
2014年11月第1版　2023年2月第2次印刷
开本：787×1092　1/16　印张：9
字数：166千字　定价：30.00元

凡购本书，如有缺页、倒页、脱页，由本社图书营销中心调换

编　委　会

出版者的话

《国家中长期教育改革和发展规划纲要》（简称《纲要》）中提出"要大力发展职业教育"。职业教育要"把提高质量作为重点。以服务为宗旨，以就业为导向，推进教育教学改革。实行工学结合、校企合作、顶岗实习的人才培养模式"。为全面贯彻落实《纲要》，中国纺织服装教育学会协同中国纺织出版社，认真组织制订"十二五"部委级教材规划，组织专家对各院校上报的"十二五"规划教材选题进行认真评选，力求使教材出版与教学改革和课程建设发展相适应，并对项目式教学模式的配套教材进行了探索，充分体现职业技能培养的特点。在教材的编写上重视实践和实训环节内容，使教材内容具有以下三个特点：

（1）围绕一个核心——育人目标。根据教育规律和课程设置特点，从培养学生学习兴趣和提高职业技能入手，教材内容围绕生产实际和教学需要展开，形式上力求突出重点，强调实践。附有课程设置指导，并于章首介绍本章知识点、重点、难点及专业技能，章后附形式多样的思考题等，提高教材的可读性，增加学生学习兴趣和自学能力。

（2）突出一个环节——实践环节。教材出版突出高职教育和应用性学科的特点，注重理论与生产实践的结合，有针对性地设置教材内容，增加实践、实验内容，并通过多媒体等形式，直观反映生产实践的最新成果。

（3）实现一个立体——开发立体化教材体系。充分利用现代教育技术手段，构建数字教育资源平台，开发教学课件、音像制品、素材库、试题库等多种立体化的配套教材，以直观的形式和丰富的表达充分展现教学内容。

教材出版是教育发展中的重要组成部分，为出版高质量的教材，出版社严格甄选作者，组织专家评审，并对出版全过程进行跟踪，及时了解教材编写进度、编写质量，力求做到作者权威、编辑专业、审读严格、精品出版。我们愿与院校一起，共同探讨、完善教材出版，不断推出精品教材，以适应我国职业教育的发展要求。

中国纺织出版社
教材出版中心

校长寄语

　　新生们告别紧张繁忙的中学生活的同时，也踏上了接受高等职业教育的新里程，开始了职业技能和职业素质训练的新生活。准备迎接未来社会生活，特别是职业生活的挑战，这其中，最基本的技能便是进行专业认知与职业规划。

　　作为高职院校的一名新生，进入大学后，特别渴望了解所选专业的几个主要问题，即这个专业都教授什么？学了以后有什么用？应该怎么学，未来如何运用？将来可以做什么，能够做什么？也就是说，将来可以从事何种职业、有何职业选择与成就、今后的发展如何等。这些问题，事关高职学生将来的事业发展与自身成长，自然会引起同学们的高度重视。

　　"专业建设无疑是高职学校内涵建设的核心内容，也是高职学校建设和发展的立足点。……学校设置一个专业，首先应该明确开设的理由（社会需求）、人才培养的规格（办学定位）、育人的软硬件条件（培养能力）以及专业发展未来的愿景（规划目标）。……学生进入这样的专业，一年级时挖掘出职业乐趣，期待成为毕业生；二年级时建立职业认同感，渴望成为从业者；三年级时形成职业归属感，立志成为行业企业接班人。……专业、学校会是他们一生的平台。"（范唯语）

　　在高职学校办学与学生择业竞争激烈的今天，作为教师，我们应该精心考量"专业如何与产业对接？如何健康成长、可持续发展而不是短命低效"等问题，还应该深思"专业如何具备行业气质？如何成为学生就业的引擎"的发问；作为学生，应该思索"这个专业能够给我带来什么？我的将来在哪里"。

　　专业与产业、行业、职业、事业是紧密联系的，专业与知识、技术、能力、素质也是不可分割的。从某种意义上说，选择了什么专业，就选择了什么样的工作岗位、生活方向、人生航道。正因为如此，我们必须懂得自己所走的这条道路通向何方，必须规划好未来的航程。尽管形势或生活的变化可能带来一定的微调，但从专业中所获取的精神与态度、风骨与品格、眼光与境界是相伴我们终生的。

　　人的一生中最重要的是选择、认知与规划。选择是取舍，是走哪条路的问题；认知是了解，是明确什么路、路上有什么的问题；规划则是具体设计方案，是怎么走、怎么到达的问题。认知、选择与规划是相辅相成的。选择了什么专业，就基本确定了职业方位，接下来就是要在总体了解和认知的基础上，进行精心筹划，确定实施方法和策略，并付诸行动，一场人生战役就此打响，这就是人生"凯旋"的基本步骤。而学业则是从专业到达职业彼岸的一叶扁舟。因此，专业认知也好，职业规划也罢，其关键点在于学业。学业精通与否，决定了职业规划实现的高度、宽度与长度，从而也决定了人一生的厚度与精度。

为了灿烂的前景与正确的前行方向，请准确认知与从容规划，并且勤学苦练。希望我院组织编写、出版的这套"专业认知与职业规划系列教材"能够从源头上提高同学们对专业的认同感，增强学习的积极性和主动性，帮助大家设计好自己的学业规划。

最后，预祝新生们通过几年的努力学习，能够顺利走向职场，实现自己的人生目标！

江苏工程职业技术学院院长 王毅

二〇一四年六月

前言

金秋，是收获的季节。

亲爱的同学，当你卸下沉重的升学包袱，踏进大学的校门时，你即将开启人生的新篇章，开始追逐自己的梦想。在大学校园里，你必须学会支配自己的时间和口袋里的金钱；你必须学会独立地面对学习和生活中的种种问题，做出自己的选择，承担属于自己的责任；你将有机会在完成规定学业的同时，参与更多的实践活动，提高自己的能力，完善自己的人格……

"千里之行，始于足下"。作为刚入学的新生，你肯定对大学生活充满着好奇，同时也感到很迷茫："我来这儿干什么？""我将成为一个怎样的人？"这两个问题看似简单，却十分深刻。当你问自己这两个问题时，你正在为大学或者更加长远的未来竖立一座灯塔。有了这座灯塔，不管前方的路如何漫长黑暗，它将一直照耀着你不断地修正航向，向着人生的目标前进。

本课程将行业认识、专业教育、思想教育、就业教育融为一体，帮助你对纺织技术类专业进行解读，对未来职业进行规划设计。本教材主要包含高职教育感知、纺织行业感知、专业与职业感知、学习与学业规划、职业生涯设计五部分内容。通过学习，你将具备以下几项能力。

（1）能比较准确地理解高职教育，正确定位自己。

（2）能比较准确地描述纺织品及纺织行业的概况。

（3）能比较准确地理解并描述本专业人才培养方案的主要内容，准确理解高职学习的方法与要求，初步具备自我学习管理的能力。

（4）树立正确的职业理想，初步明确职业发展的目标。

（5）具备学业生涯与职业生涯设计的能力。

为了帮助你更好地自主学习相关知识，主动思考问题和完成学习任务，本教材的编写采用了案例和问题引导的形式。在学习活动中，建议你将课堂学习、现场参观、小组研讨、课后调研等学习形式有机融合，在学习活动中获得切身体验，深化对问题的理解与思考。

本教材主要参编人员：学习情境一由江苏工程职业技术学院耿琴玉老师编写，学习情境二由江苏工程职业技术学院宋波和周祥两位老师编写，学习情境三由江苏工程职业技术学院耿琴玉和吉利梅两位老师编写，学习情境四和学习情境五由江苏工程职业技术学院金永安老师编写，全书由耿琴玉老师统稿。

如果本教材能对你的大学生活和职业规划有所帮助，将是我们最大的欣慰。教材的不足之处，请多提宝贵意见，我们将在再版时改进。

编者

2014年8月

☞ 课程设置指导

一、课程定位与目标

1.课程定位

高职教育是以就业为目标的教育。现代纺织技术大类专业的新生对纺织行业情况不了解甚至误解、对所学专业的认识不足、对未来工作岗位的无知及对个人职业生涯的迷茫，导致高职学生在整个学习过程中出现学习目的性不明确、学生动力不足、学习方法难适应等一系列的"学习适应不良症"。因此，开设本课程的目的是对高职新生进行专业认知和职业规划的启蒙教育，帮助高职新生正确认识所学专业，明确专业学习目标，掌握专业学习方法，激发专业学习动力，感知未来就业岗位，科学规划未来职业生涯。本课程是一门将行业认识、专业教育、思想教育、就业教育融为一体的帮助高职新生对纺织技术类专业进行解读以及对未来职业进行规划设计的专业入门必修课程。

2.课程目标

通过本课程的学习，学生能对纺织行业有初步认识，知道为什么要学习本专业，了解所读专业的学习内容，知道如何学习本专业以及毕业后从事怎样的工作。

二、学习内容与学时安排

"专业认知与职业规划"学习情境划分与学时一览表

学习情境	具体内容	建议学时
学习情境一 高职教育认知	一、高职教育，成功的基础 二、信心，成功的起点	4
学习情境二 纺织行业认知	一、认识纺织品 二、纺织业发展的历史进程 三、纺织业的重要性 四、纺织业中的主要行业 五、纺织生产领域的工作条件	4
学习情境三 职业与专业认知	一、纺织业的职位及工作任务 二、专业沿革 三、专业构成与培养目标 四、课程体系 五、毕业要求 六、学习资源	8
学习情境四 学习与学业规划	一、在校学习 二、在职学习 学生实践：制定自己的学业规划	4

学习情境	具体内容	建议学时
学习情境五 职业生涯设计	一、职业选择评估 二、职业选择策略 三、求职与简历 四、创业策略 学生实践：进行职业生涯设计	4

三、教学建议

1.教学条件

课程实施必须具备以下条件：

多媒体教室、网络学习平台、校内实训基地、校外实训基地。

2.教学方式

（1）注重现代化教学资源的开发和利用，这些资源有利于创设形象生动的情景，激发学生的学习兴趣，促进学生对知识的理解和掌握。

（2）积极利用网络课程资源，充分利用电子图书、电子期刊、数字图书馆、教育网站和电子论坛、专业网站等网上信息资源，使教学从单一媒体向多种媒体转变；教学活动从信息的单向传递向双向交换转变；从学生单独学习向合作学习转变。同时应积极创造条件搭建远程教学平台，实现课程资源的共享与交互。

（3）"教、学、做"一体，实施教学过程，提高学生的分析问题和高职学习能力。

（4）多元化、多方面综合考核学习情况。

3.教学组织

分组学习，每组4~6人。老师进行必要的讲解和引导，布置引导性学习内容，学生以小组为单位，通过讨论自主完成学习。

4.师资要求

教学团队由各班专业指导老师构成，要求有丰富的高职教学经验，熟悉纺织行业。

5.考核评价

本课程的学生学业评价建议采取多元化、多方面综合评价的方式，从学习态度、知识问答、资料收集、实践报告等多方面进行考核，评定学生的成绩。

目　录

学习情境一　高职教育认知

主要内容

- 高职教育，成功的基础
- 信心，成功的起点
- 正能量，成功的催化剂
- 情商和意商，成功的关键

职业教育的成功典范

泱泱大国，各行各业，各个层面，涌现出了许多杰出的人才，让我们先来认识几位杰出的坚守在生产与服务一线的技能型人才。

阅读材料

人物1：新时代的中国工人许振超

够普通的岗位——吊车司机，够单调的工作——把货物从码头吊上车、船，或是从车、船吊到码头。许振超——青岛港的吊车司机，30多年来，从他坚守的这个普通的操作台上流泻出的，不是单调的音符，而是一曲曲华美的乐章。就是这个只有初中文凭的桥吊专家，一年内就两次刷新世界集装箱装卸纪录。

"干活不能光用力气，还要动脑筋；干一行，就要爱一行，精一行。"1974年，许振超初中毕业后到青岛港当了一名码头工人。他勤学苦练，7天就学会当时最先进的起重机械——门机的操作。然而，会开容易开好难。师傅开门机，钩头起吊平稳，钢丝绳走的是"一条线"；到了许振超手里，钩头稳不住，钢丝绳直打晃。特别是矿石装火车作业，一钩货放下，洒在车外的比进车内的还多。看到工人们忙着拿铁锨清理，许振超十分内疚。还有，矿石装火车装多了，工人要费不少劲扒去多的；装少了，亏吨，货主不干。为了早日掌握这项技术，每次作业完毕，别人歇息了，许振超还留在车上，练习停钩、稳钩。四五个月后，他开的门机钢丝绳走起来也一条线了，一钩矿石吊起，稳稳落下，不多不少，正好装满一车皮。这手"一钩准"的绝活，很快就被大家传开了。一次，许振超干散粮装火车作业，发现粮食颗粒小，更易洒漏。他便在工作之余，吊起满满一桶水，练习走钩头，直至练到钩头行进过程中滴水不洒。再去装散粮，一抓斗下去，从舱内到车内，平平稳稳，又一个绝活——"钩清"。许振超的活干净利索，装卸工人们二次劳动大大减轻，谁都愿意跟他搭班。

1984年，青岛港组建集装箱公司，许振超当上了第一批桥吊司机。许振超又钻研上了。桥吊作业有一个高、低速减速区，减速早了装卸效率下降，减速太迟又影响货物安全。于是，他带上测试表反复测试，终于成功地将减速区调到最佳位置。以前一台桥吊一小时吊十四五个箱子，改革后能吊近二十个箱子，使作业效率提高了25%。

1991年，许振超当上了桥吊队队长。他在工作中发现，桥吊故障中有60%是吊具故障，而故障主要是由于起吊和落下时速度太快，吊具与集装箱碰撞造成的。他提出，这么操作不仅桥吊容易出现故障，货物也不安全，必须做到无声响操作。

司机们一听炸了窝。"集装箱是铁的，船是铁的，拖车也是铁的，这集装箱装卸就是铁碰铁，怎么能不响呢？"说出口的道理很硬，没有说出口的道理更硬：桥吊队实行的是计件工资，多吊一箱就多挣一份钱。搞无声响操作，轻拿轻放，不明摆着要降低速度，减少收入吗？许振超没多解释，自己动手练起来。他通过控制小车水平运行速度和吊具垂直升降之间的角度，操作中眼睛上扫集装箱边角，下瞄船上装箱位置一点，手握操纵杆变速跟进找垂线。打眼一瞄，就能准确定位，又轻又稳。然后，他专门编写了操作要领，亲自培训骨干并在全队推广，以事实说服人。就这样，"无声响操作"又成了许振超的杰作、青岛港的独创。

"咱当不了科学家，但可以做个能工巧匠。"当了队长的许振超，除了开好自己的桥吊，还想做更多的事。

一次，队里的一台桥吊控制系统发生了故障，请外国厂家的工程师来修。专家干了12天，一下子挣走4.3万元。这件事深深刺痛了许振超。他想，如果自己会修，这笔钱就省下了。

然而，桥吊的构造很复杂，涉及电力拖动、自动控制等6门学科，就是学起重机械专业的大学生也至少得两三年才能够处理一般性故障。许振超只有初中文化，为了攻克这门技术，他着了魔似的钻研，终于发现，所有的技术难点都集中在一块块控制系统模板上，而这正是外国厂家全力保护的尖端技术——不仅没提供电路模板图纸，就连最基本的数据也没有。

许振超不信邪。每天下了班，他拿着借来的备用模板，一头扎进自己的小屋里。用了整整4年时间，一共倒推了12块电路模板，画了两尺多厚的电路图纸，终于攻克了技术难点。这套模板图纸后来便了桥吊司机的技术手册，成了青岛港集装箱桥吊排障、提效的"利器"。一次，一台桥吊上的一块核心模板坏了，许振超跑到电器商店花8元钱买了一个运控器，回来换上后桥吊就正常运作了。而这要是在以前，换一块模板得花3万块钱！

2000年，队里的6台轮胎吊发动机又到了大修的时候。许振超找到公司领导主动要求，把这个项目交给他组织技术骨干来完成，一来锻炼队伍，二来节约资金。面对复杂的维修工艺，他与攻关小组一起边琢磨边实践，加班加点，提前完成了轮胎吊发动机的大修。近几年来，经他主持修理的项目累计为青岛港节约800多万元。

掌握了修桥吊的技术，许振超仍不满足。因为作业中桥吊一旦发生突发故障，如果不能及时排除，将对装卸效率和船东利益造成严重影响。许振超又提出了一个新目标——"15分钟排障"。他从解剖每一个运行单元入手，不断探索，终于做到心中有数，手到"病"除。

目前，桥吊队从接到故障信息，到主管工程师到场排除，已缩短到15分钟以内。

2001年，青岛市和青岛港集团实施外贸集装箱西移战略，启动前湾集装箱码头建设。青岛港集团总裁常德传现场发布任命：许振超任桥吊安装总指挥，年底前完成桥吊安装。接下任务，许振超办了两件事：一是打电话告诉爱人，从现在到年底一个多月不能回去，让她放心；二是买了10箱方便面，往现场一扔。妻子和女儿放心不下，乘轮渡到码头上看望许振超。只见他眼里布满血丝，嘴上裂着口子。妻子含着眼泪说："这么苦，你的身体怎么受得了？"许振超笑笑说："做心里喜欢的事，就不觉得苦。"经过40多天的奋战，重1300吨、长150米、高达75米的超大型桥吊，终于矗立在前湾宽阔的码头上。

随着港口西移战略的顺利推进，一个念头在许振超脑海里越来越强烈：提高装卸效率，创造集装箱装卸船世界纪录！2003年4月27日，青岛港新码头灯火通明，许振超和他的工友们在"地中海阿莱西亚"轮上开始了向世界装卸纪录的冲刺。20：20分，320米长的巨轮边，8台桥吊一字排开，几乎同时，船上8个集装箱被桥吊轻轻抓起放上拖车，大型拖车载着集装箱在码头上穿梭奔跑。安装在桥吊上的大钟，记录了这个激动人心的时刻。4月28日凌晨2：47分，经过6小时27分钟的艰苦奋战，全船3400个集装箱全部装卸完毕。许振超和他的工友们创下了每小时单机效率70.3自然箱和单船效率339自然箱的世界纪录。5个月后，他率领团队又把每小时单船339自然箱这个纪录提高到每小时381自然箱。青岛港集装箱"10小时完船保班"这块品牌，让这项纪录擦得更加金光闪闪，"振超效率"扬名国际航运界！

更令许振超和他的桥吊队振奋的是，"振超效率"产生了巨大的品牌效应，青岛港在世界航运市场的知名度越来越高。一年来，海内外许多知名航运公司主动寻求与青岛港合作，纷纷上航线、增航班、加箱量，仅短短8个月时间，青岛港就净增了13条国际航线，实现了全球通。2003年完成集装箱吞吐量420万标准箱，实现了24.3%的高速增长。

人物2：陈刚毅的刚毅人生

陈刚毅，湖北省交通规划设计院高级工程师。

1963年12月，陈刚毅出生在湖北省咸宁市咸安区贺胜桥镇万秀村，小小年纪，他放牛、割草，什么活都干，内向，爱哭。上中学时，他发誓不再哭，给自己改名为"陈刚毅"。18岁时，他带着简单的行李走进了湖北交通学校。1986年7月，陈刚毅被分配到湖北省交通规划设计院。

来到设计院，陈刚毅懵了。设计院研究生大学生成堆，他一个中专生，想站稳脚跟都难！难道就此甘于平庸？"不行，拼命也要跑到前面！"他暗下决心。

他把别人用来娱乐、休息的时间用在了学习上。到1992年，他系统地学习了桥梁结构、工程力学、材料学等20多门专业课程，获得了西安公路工程大学本科学历。在工作中，他踏实干好领导交付的大小工作，他的不懈努力促进了能力增长，赢得了领导的信任，在武黄、宜黄、黄黄、京珠等高速公路和国、省道干线，他从参与勘测、设计、监理到实施项目管理，逐渐成为设计院的青年技术骨干，成为一名懂设计、会施工、善管理的复合型人才。而一些与他同时毕业的中专生却在设计院下岗分流改革中被淘汰出局。2001年，陈刚毅担任湖北省援藏项目山南地区湖北大道市政工程建设总工程师兼工程技术部主任。陈刚毅在工作中坚持原则，秉公办事，严把技术关和质量关，把湖北大道项目建成了精品工程、示范工程和标志性工程。2002年该项目被评为全国公路建设优质工程。2003年4月，受交通厅党组委派，陈刚毅担任交通部重点援藏项目，西藏昌都地区国道214线角笼坝大桥项目法人代表。他带领项目组克服恶劣自然环境和工作、生活上的诸多困难，艰苦创业，大胆创新，精心管理，狠抓质量。创造了西藏城市道路建设史上路面最宽、建设周期最短、设计标准最高等十个第一，受到自治区和山南地区的高度评价。2005年12月至今任湖北省交通规划设计院审核室高级工程师。

人物3：蓝领精英邓建军

邓建军，黑牡丹（集团）股份有限公司科研组电气技术工人，现为江苏黑牡丹（集团）股份有限公司技术总监。他冲击纺织机械领域世界难题的技术创新之举，被外国专家叹服为"中国功夫"。

1988年，19岁的邓建军中专毕业后，被分配到常州黑牡丹公司做电工。邓建军每晚必看一个半小时的技术书籍和有关资料。几年下来，他在获得大专学历后继续攻读本科。后来，他又跨越了英语和德语的障碍。

90年代初期，黑牡丹公司从国外引进了一批剑杆织机。邓建军从最基本的制图做起，每天蹲在机器边14个小时以上，终于驯服了这些机器。

1996年，公司从比利时进口了一批喷气织机。这些机械最关键的部位是传感器，在安装时外商拒绝提供这方面的技术资料。邓建军经过反复测算发现，线路板中一个小零件会因为机械的高速震动而损坏。比利时公司向中国企业开出了1万元的天价。而在国内，这些器件有的只要1分钱。染整行业一直是我国纺织工业的薄弱环节，主要被色差、缩水率等问题所困扰。邓建军熬过了几十个不眠之夜，终于将预缩率精度稳定控制在了2.5%以内，优于3%的国际标准。

参加工作20多年来，他共解决企业重大技术难题23项，参与技改项目近500项，独立完成150项，其中仅染浆联合机——车速改造技术一项就创造经济效益3000多万元。

他先后被评为"江苏省有突出贡献的高级技师"、新世纪全国首批七个"能工巧匠"之一、中国工会十四大代表，荣获"全国五一劳动奖章"、"全国青年岗位能手"、"全国职工职业道德建设十佳标兵"、"江苏省优秀共产党员标兵"等称号。

案例导入

从乔布斯的工具盒看高职教育

《史蒂夫·乔布斯传》里记载了这样一件事：乔布斯小时候迷上了电子产品，为此，他的父亲给了他一个希斯工具盒，工具盒里面有各种各样用不同颜色编号的插件板和零部件，但工具套装需要自己组装，然后按照说明方便地制作电子产品。乔布斯回忆，"它让你意识到你能组装并搞懂任何东西。我很幸运，因为当我还是个孩子的时候，我的父亲，还有希斯工具盒都让我相信，我能做出任何东西。"

　　传奇人物乔布斯的成就之所以让世界为之赞叹，不能不说与他小时候父亲对他自己动手操作思考的教育方式有关，这种教育方式激发了乔布斯对未知世界的兴趣，培养了他实际动手操作的创造能力，也为职业教育提供了一个普适的成功例证。

一、高职教育，成功的基础

　　教育的目的是为社会培养各类有用的人才。人才类型通常按"二分法"分类，即学术型与应用型人才。在应用型人才中，又可分为工程型、技术型和技能型三种类型。据此，社会人才又可分为四种类型，即"四分法"：学术型人才、工程型人才、技术型人才、技能型人才。不同类型的人才要由不同类型的教育来造就。一般来说，学术型与工程型人才在我国由普通高等教育来培养，技术型与技能型人才的培养任务一般通过职业教育来完成。

　　技术型人才主要是在生产第一线或工作现场从事为社会谋取直接利益的工作，把工程型人才或决策者的设计规划、决策变换成物质形态或对社会产生具体作用。实际上属于工艺型、执行型、中间型人才。技术型人才又大致可分为三类，即生产类，如工厂技术员、工艺工程师、农艺师、建筑施工员、植保技术员等；管理类，如车间主任、工段长、设备科长、护士长、行政机关中的中高级职员；职业类，如会计、护士、医士、导游等。技术型人才也要有一定的理论基础，但更强调在实践中的应用，与工程型人才相比，技术型人才具有以下特征：

　　①相关的专业知识面要求更宽广些。

　　②综合应用各种知识解决实际问题的能力应更强些，特别应具备解决现场突发性问题的应变能力，还应具有一定的操作技能。

　　③有处理好人际关系的能力，协调组织好所在工作群体的能力。

　　④在人才成长过程中更强调工作实践的作用。

　　技能型人才，要求在生产第一线或工作现场从事为社会谋取直接利益的工作，主要掌握熟练的操作技能以及必要的专业知识。这类人才与技术型人才的区别在于其主要依赖操作技能进行工作，即技术型人才需要较多的技术理论和智力技能，而技能型人才在动作技能上更熟练和更有经验。各种技艺型操作型的技术工人属于这类人才，所以，又称之为技艺型、操作型人才。当然，随着科学技术的发展，有些设备的自动化与综合化程度较高，一些高技术设备的操作者虽有操作任务，但不能简单地归入技能型人才，这就要分析其智力含量的多与寡，才能决定其是技术型或技能型人才。

　　这里，我们可以明显地看出，技术型人才和技能型人才不仅有分工的区别，还有层次的区别。同时，我们也应看到，随着科学技术的进步，智能含量在许多工作中都占有一定的比例，因此，这两类人才重叠交叉之处也有很多。

　　有人认为高技能人才即"能工巧匠"，指那些既有一定理论水平又有丰富实践经验，在现场生产工艺、机电维修、模具制造等现代加工设备还无法解决和保证的领域中，能做到手到病除的优秀技术工人。还有人认为高技能人才不成立，等等。李宗尧先生的观点比较有代表性，他认为，高技能人才是指经过专门培养和训练，掌握了当代高水平的应用技术、技能和理论知识，并具有创造性和独立解决关键性问题能力的高素质劳动者。因此，高技能人才属于技能型人才类型。

那么怎样理解高技能人才与其他人才类型的关系呢？李宗尧先生认为：高技能人才是实际操作型人才，工程技术人才是经过专门高等学校培养，具有专业理论知识特长，专司专业技术和管理的人才。高技能人才的工作是工程技术人才工作的后继工序，因而高技能人才与工程技术人才之间的联系非常紧密。

（一）高职教育的特点

高职教育是高等职业教育的简称，或进一步简称为"高职"。早在1995年8月，原国家教委在北京召开了全国高等职业技术教育研讨会，明确提出了高职教育的教育类型。即高等职业技术教育是属于高中阶段教育基础上进行的一类专业教育，是职业技术教育体系中的高层次。发布于1999年6月13日的《中共中央国务院关于深化教育改革全面推进素质教育的决定》将高职教育明确为是高等教育的重要组成部分。因此，高职教学同时具有高等教育的属性和职业教育的属性。

1.高职教育人才培养目标的特点

教育部《2003—2007教育振兴行动计划》中强调要"大力培养高素质的技能型人才特别是高技能人才"。周济部长在2004年6月全国职业教育工作会议上首次对中等职业学校和高等职业院校提出了明确的人才培养目标，指出中等职业学校的任务是培养数以亿计的高素质的劳动者，高等职业学校的任务是培养数以千万计的高技能人才，"必须明确高职培养的人才就是应用型白领、高级蓝领，或者叫'银领'人才，是高技能专门人才"。

《教育部关于推进高等职业教育改革创新引领职业教育科学发展的若干意见》（教职成〔2011〕12号）中强调：高等职业教育具有高等教育和职业教育双重属性，以培养生产、建设、服务、管理第一线的高端技能型专门人才为主要任务。

尽管高职领域对高职人才培养规格的界定内涵和外延有不同的认识，但其核心要素有很大的交集，主要体现在"高素质""技术型"和"技能型"三个关键词上。

高职教育人才培养目标有如下特点：

（1）高职培养的是实用型、应用型人才，与普通高等教育培养的人才是有差异的；

（2）人才层次是高级专门人才，比中等职业学校培养人才的素质要高（如比技术员高一层次的高级技术员），即现在提出的高端技能型人才；

（3）工作内涵是将成熟的技术和管理规范转变为现实的生产和服务；

（4）工作场合和岗位是基层第一线。

2.高职教育能力要求的特点

高等职业教育要"以服务为宗旨，以就业为导向"，能力打造是高职教育的核心。这种能力也即为职业能力，主要是专业技术能力、经营管理能力和综合能力，这种能力不仅是操作能力，还包括任何行业都必须具有的基本能力，包括知识、技能、经验、情感、态度、价值观等完成职业任务所需的综合素质。

"职业能力"是指人们从事一门或若干相近职业所必备的本领，是个体在职业工作、社会和私人情境中科学的思维、对个人和社会负责任行事的热情与能力。按照德国行动导向学习理念，将职业能力定义为"职业行动能力"（德语Handlungskompetenz），认为职业能力是才能、方法、知识、观点和价值观的综合发展，关注人的综合职业能力和职业生涯发展。我国高等职业教育提出了"高端技能型"人才的培养目标，要求必须具备较高的"综合职业能力"。综合职业能力是一个人在现代社会中生存生活，从事职业活动和实现全面发展的主观条件，包括职业知识和技能，分析和解决问题的能力，信息搜集和处理能力，经营管理、社会交往能力和不断学习的能力等。学术界认为综合职业能力包括专业能力和专业之外的能力（即关键能力）两个方面，如图1-1所示。

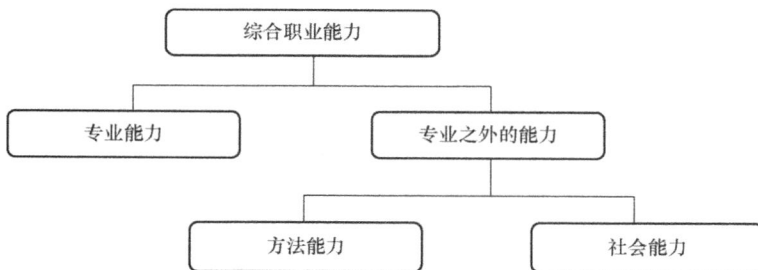

图1-1　综合职业能力组成

（1）专业能力。专业能力是指职业业务范围内的能力，包括单项的技能与知识，综合技能与知识。包括工作方式方法、对劳动生产工具的认识及使用、对劳动材料的认识等。知识是行动的知识，是实践的知识，是不断变化和进步中的知识。"从做中学"（Learning by doing）就是"从行动中学"。

（2）方法能力。方法能力是指独立学习、获取新知识技能的能力。如在给定工作任务后，独立寻找解决问题的途径，把已经获得的知识、技能和经验运用到新的实践中等。包括制订工作计划、工作过程和产品质量的自我控制和管理及工作评价（自我评价和他人评价）。

（3）社会能力。社会能力是指与他人交往、合作、共同生活和工作的能力。包括工作中的人际交流能力（伙伴式的交流方式、利益冲突的处理等）、公共关系能力（与同龄人相处的能力、在小组工作中的合作能力、交流与协商的能力、批评与自我批评的能力）、劳动组织能力（企业机构组织和生产作业组织、劳动安全等）、群众意识和社会责任心。方法能力和社会能力被称为关键能力。其中的很多内容属于情感类的教学目标，无法简单通过传统的学科系统化课程和传授式教学来实现。

3.高职教育人才培养模式的特点

德国的双元制职业教育模式颇具特色，德国高等职业教育更注重学生关键能力的培养。关键能力主要包含五个方面：组织能力、交往与合作能力、学习技能、自主性与责任感、承受能力。"双元制"形成于19世纪中后期。所谓"双元制"职业教育，是指学生在企业接受实践技能培训和在学校接受理论、培训相结合的职业教育形势。"双元制"的本质是为年轻人提供职业培训，使其掌握职业能力。"双元制"人才培养主要通过企业培训来完成。学生在企业和学校的时间比一般为4：1。德国的职业学院不是为自由的劳动市场培养"通用人才"，而是为特定的企业培养"专用人才"。

新加坡到了20世纪90年代，进入以高科技为特点的第三次工业革命。配合新的经济发展战略的实施，新加坡高等职业教育又有了新发展，采取了多项改革措施：其一，"工读双轨制计划"，该计划实行兼读制，学生每周有一天工作日、一个傍晚和星期六的上午上课，其余时间都在公司边工作边接受训导员的实际工作训练；其二，"以工艺教育学院取代职工教育"，新建的几所工艺教育学院取代了原有的职业专科学校，赋予工艺教育学院新职能，通过它提供优秀的工艺教育和训练环境为新加坡培养高级技术人才，从而提高新加坡在世界的竞争力；其三，"混合型学徒计划"，在新计划下，学徒必须先到工艺教育学院接受三个月到半年不等的集训方可进入公司边学边赚钱，在边学边工作期间，学徒每周要到工艺学院受训一天。新加坡的高职教育是与普通教育相衔接的上下左右沟通的"立交桥"式的高等职业教育体系。为落实高职教育与普通教育的沟通，新加坡各层次和各类型教育分流及相互间的转换，主要以证书考试或文凭课程学业成绩为依据，不另设专门的招生考试。

目前，我国的高职教育与国外有相似之处，高等职业教育的人才培养目标决定着其人才培养模式面向市场的特征，它具有明显的职业技能性和技艺性，社会对各类人才的需求因时间、地点而发生变化，与一定的市场、职业、技术等条件有密切的联系，高职院校所培养的人才要得到社会的认可和欢迎，必须面向市场。能力打造是高职教育的核心，"能力本位"是职业教育的基本思想，其突出特点在于实现职业分析为基础设计课程内容，以实际职业需要为出发点组织教学活动。高职教育培养的人才要显示其风采，必须实施学、研、产、训合作教育，即利用学校、科研机构、产业（行业、企业）、社会培训部门等不同的教育资源，使社会有关部门广泛参与，把以课堂传授间接知识为主要的教育环境与直接获取实际能力、经验为主的生产环境有机地结合于学生的培养过程之中，使学生在与社会交流及体验中获得有益的知识，并能切身体会社会对人才的需求，进而有准备地、主动地适应社会。在高职教育中，在教师的激励和指导下，学生进行自我练习、自我验证、自我评价及相互评价，逐步培养动手意识及动手能力，形成和建构起适应自身发展需要的职业技能、专业创新及创业能力。

大力推行工学结合、校企合作的培养模式，与企业紧密联系，加强学生的生产实习和社会实践，改革以学校和课堂为中心的传统人才培养模式，是从根本上解决高职学生实践能力培养问题的有效途径。

（二）高职教育的前景

有数据显示，我国高职院校毕业生的就业率已连续两年高于普通本科高校，部分高职院校专业的招生调档录取分数线已高于二本调档线。高等职业院校毕业生就业率呈逐年递增趋势。据统计，高职院校2009届毕业生半年后就业率为85.2%，分别高于2008届（83.5%）、2007届（84.1%）1.7个百分点和1.1个百分点，高职高专院校2011届毕业生半年后就业率为89.6%，比2010届上升了1.5个百分点。来自教育部的消息称，目前我国独立设置的高职院校已有1246所，占普通高校的52%。每年招收全日制新生超过300万人，10多年来，高职招生数占普通高等教育本专科招生的比率从8.8%上升到49%。

人力资源与社会保障部劳动科学研究所有研究人员指出，高职教育与普通高校教育市场竞争力的最大优势体现在就业上，以目前就业形势来看，高等职业教育的市场相当大。首先，高职毕业生不多，其次，高职教育的职业倾向十分明显，具有职业导向，毕业后就业十分明确，因此就业率是比较高的。但该研究员表示，目前高等职业教育的关键是加强能力建设、软硬件建设，这是高职教育发展的前提。

相反，普通高校就业导向并不十分明显，由于过多注重对学生整体素质的培养，普通高校毕业生的实际动手能力并不强。人保部劳动科学研究所相关研究人员说，与高职院校毕业生相比，普通高校毕业生进入工作岗位后，从收入上看并没有体现出他们的学历优势。

二、信心，成功的起点

（一）三十六行，行行出状元

在中国几千年封建传统观念"万般皆下品，唯有读书高"的影响下，许多人（自己、父母、亲朋好友）乃至整个社会都认为只有学习好、学历高的人，才会有出息，对职业教育认识不足，甚至对职业教育存在偏见。其实，"三十六行，行行出状元"，各行各业、各个岗位都需要人才发挥力量，都能培养出优秀的人才。学习是为了服务社会，是为了将来能在社会上找到自己的职业定位。学历本身不能为社会服务，能为社会服务的是有知识、有技能的人。高职是面向生产、服务一线，以培养高端技能型人才为目标的教育方式，是通向职业巅峰的阶梯。

也许你会为高考失利而悔伤，也许你还在为选了不喜欢的专业而懊恼，也许你暂时还看不到成功的希望，但这些并不是你应该放弃努力的理由，这只是你逃避现实的借口。

制造托词来解释自己对自己的放弃，是人们的普遍心理。这种习惯与人类的历史同样古老，也是成功的致命伤。柏拉图深明此理，他说"征服自己是最大的胜利，被征服是最大的耻辱和邪恶"。

大家都知道鸵鸟生性懦弱，每次危险来临或遭到攻击时，它都只是被动地把头深深埋在沙子中，逃避现实，从不敢面对挑战。人生的旅途中，要越过重重艰难险阻，成功在于自己，失败也因为自己。暂时的失败并不可怕，最可怕的是鸵鸟心态。

现在，你正站在自己人生的十字路口，必须对人生做出选择：是做逃避现实的鸵鸟，还是努力去实现梦想？

逃避不是办法，在逃避现实的同时，很可能丧失了权利和未来成功的机会。当你认识到压力，当你意识到天外有天、人外有人的时候，你已经比他人先冲出了起跑线。现在你需要的是高高扬起自信的风帆，把握住一切机遇！

你正站在一个全新的起点，以前的成绩只能代表过去。学校只是你生涯中的一个"加油站"，不管在哪个学校学习，只要你在未来的学习中刻苦努力，就不会比在名牌大学学到的东西少。现在的人才市场上，真正动手能力很强的高职院校的学生被"抢破了头"，形成鲜明反差的是本科生的低薪与就业难，甚至有不少本科生到技工学校去学习专门技能。

因此，在走向成功的路上，你可以缺少任何东西，但不能缺少信心，因为这是一个渴望成功的人必须具备的素质。

（二）学校——成才的摇篮

1.学好专业技能是成功的起点

中国地大物博，人口众多，资源丰富，目前正在由"中国制造"向"中国创造"的"世界大工厂"转变。中国要想成为名副其实的"世界工厂"，需要大量一流的高技能型人才和技术工人。再先进的科研成果和完美的设计，如果没有能将成果和设计付诸实施的技能型人才，也很难形成有竞争力的产品。而这就是高职人才的用武之地。

学校只是人生旅途的"加油站"，要充分利用在校时间培养自己的综合能力，着重提高实践能力，恰恰可以避开强手，毕业后顺利在职场寻找到适合自己的位置。

案例导入

上帝偏爱她　让她洗厕所

许多年前，一位妙龄少女来到东京帝国酒店当服务员。这是她的第一份工作，也就是说她将在这里正式步入社会，迈出她人生第一步。因此她很激动，暗下决心：一定要好好干！可她没想到：上司安排她洗厕所！

洗厕所！实话实说没人爱干，何况她从未干过粗重的活儿，细皮嫩肉，喜爱洁净，干得了吗？当她用自己白皙细嫩的手拿着抹布伸向马桶时，胃里立马"造反"，翻江倒海，恶心得几乎呕吐却又呕吐不出来，太难受了。而上司对她的工作质量要求高得骇人：必须把马桶抹洗得光洁如新！她当然明白"光洁如新"的含义是什么，更知道自己不适应洗厕所这一工作，真的难以实现"光洁如新"这一高标准的质量要求。因此，她陷入困惑、苦恼之中，也哭过鼻子。她面临着这人生第一步怎样走下去的抉择：是继续干下去，还是另谋职业？继续干下去——太难了！另谋职业——知难而退，人生之路岂有退堂鼓可打？她不甘心就这样败下阵来，因为她想起了自己初来时曾下的决心：人生第一步一定要走好，马虎不得。

正在此关键时刻，同单位一位前辈出现在她的面前，他帮她摆脱了困惑、苦恼，帮她迈好了这人生的第一步，更重要的是帮她认清了人生的路应该如何走。但他并没有用空洞理论去说教，只是亲自做了个样子给她看。首先，他一遍遍地抹洗着马桶，直到抹洗得光洁如新；然后，他从马桶里盛了一杯水，一饮而尽，竟然毫不勉强！实际行动胜过万语千言，他不用一言一语就告诉了她一个极为朴素、极为简单的真理：光洁如新，要点在于"新"，新则不脏，因为不会有人认为新马桶脏，也因为新，马桶中的水是不脏的，是可以喝的；反过来讲，只有马桶中的水达到可以喝的洁净程度，才算是把马桶抹洗得"光洁如新"了，而这一点已被证明可以办得到。同时，他送给她一个含蓄的、富有深意的微笑，送给她一束关注的、鼓励的目光。

这已经够用了，因为她早已激动得几乎不能自持，从身体到灵魂都在震颤。她目瞪口呆，热泪盈眶，恍然大悟，如梦初醒！她痛下决心："就算一生洗厕所，也要做一名洗厕所最出色的人！"

从此，她成为一个全新振奋的人。她的工作质量也达到了那位前辈的高水平，当然她也多次喝过厕水，为了检验自己的自信心，为了证实自己的工作质量，也为了强化自己的敬业心；从此，她很漂亮地迈好了人生的第一步；从此，她踏上了成功之路，开始了她不断走向成功的人生历程。

她的名字叫野田圣子，37岁就成为日本政府的主要官员——邮政大臣。

野田圣子坚定不移的人生信念，表现为她强烈的敬业心："就算一生洗厕所，也要做一名洗厕所最出色的人。"这一点就是她成功的并不神秘的奥秘所在。

世间事无大小，总要有人去做。成功都是由许多辛酸和汗水所结成的果实。成功并不是一时的，关键是靠平时的准备与辛勤开垦。有的人凭着吃苦耐劳的精神，在平凡的岗位上做出了不平凡的业绩；有的人手里捧着金饭碗，却需要向别人讨饭吃。个中差别，值得我们慢慢去品味。进入高职院校，也许是上帝对我们的偏爱！

2.做好规划是成功的垫脚石

很多人在毕业时抱怨自己找不到工作，自己无路可走，每一条路似乎都是为别人准备的，自己总是那么没有竞争力。为什么找不到适合自己的工作呢？那是因为你没有通过几年的学习，把自己锻炼成最适合工作的角色。

"世上无难事，只怕有心人"。有心人总会比别人受到更多眷顾。成功意味着自己比别人多想了一点点，多做了一点点。为了毕业后不失业，必须从现在就开始准备。想想一些这些问题：

①我了解将来就业的行业吗？
②我真正明白就业形势的严峻吗？
③我认真思考过毕业后的打算吗？
④我想过毕业后可能就业的单位需要什么样的人才吗？
⑤通过在学校的学习和生活，我需要在哪些方面提高自己？

无论你现在的情况如何，只要努力去探索和追求，就有机会成功找到自己理想的职业，从而真正体验自我发现的欣喜与感动，实现人生的梦想。

思考题

1.谈谈你对高职教育的理解。

2.中国成为"世界工厂"是真正融入世界经济体系的战略选择，这对你未来的高职学习有何影响？

3.剖析自己，谈谈你如何建立自信，从容地投入高职学习？

学习情境二　纺织行业认知

主要内容

- 纺织名人专家
- 纺织业的发展进程
- 纺织业的重要性
- 纺织业中的行业划分
- 纺织业中的职位及主要工作

纺织名人专家

1.姚穆

姚穆，男，汉族，江苏南通人，1930年5月出生，1952年毕业于西北工学院，纺织材料学家和纺织教育家，中国工程院院士，历任助教、讲师、副教授、教授、院长、名誉院长，中国工程院院士。现任西安工程大学（原西北纺织工学院、西安工程科技学院）名誉校长，教授，博士生导师。

姚穆院士是我国纺织界深孚众望的教育专家和纺织材料专家，数十年一直奋战在教学第一线，治学态度严谨，具有强烈的事业心和责任感。他善于把学科前沿知识和自己的科研成果融入教学实践中，深入浅出，循循善诱，引人入胜，深受学生欢迎。他特别注重加强学生素质教育和创新能力的培养和示范，成为在学识修养上站在专业领域前沿的真正意义上的教师，多年来，为国家培养出博士8名，硕士43名及大批科技骨干。

姚穆院士是我国纺织材料领域学术带头人，多年来一直承担着多项国家重点科技攻关项目的研究，特别在国际上刚刚兴起的而国内尚属空白的服装舒适性研究领域有系列突破性贡献，姚穆院士先后研制系列纺织测试仪器16种，起草国家标准及军用标准多项，研制成功军港纶，已装备军队制服及行业制服。主编教材多部，发表论文百余篇。

姚穆院士先后获国家科技进步一等奖1项，三等奖1项，省部级奖多项。先后获得国家有突出贡献的中青年专家、享受国务院特殊津贴及陕西省劳动模范、陕西省科技精英、全国纺织工业劳动模范、陕西省优秀共产党员、陕西省优秀博士生导师等荣誉称号。

2.周国泰

周国泰院士是我国著名的防护专家、军用、民用功能服装和个体防护领域学术技术带头人，1976年毕业于中山大学。现任解放军总后军需装备研究所所长，高级工程师。长期从事军用、民用功能服装和个体防护研究，在防弹装备、特种防护服装和防寒保暖材料等方面取得多项成果。先后主持研制防弹背心、防弹头盔，解决了防弹材料及防弹结构体复合成型、树脂基体合成等一系列技术关键，居国际先进水平，已装备军、警及执法部门，出口美国等10余个国家。曾荣获首批聂荣臻发明创新奖、国际科学与世界和平友好使者金奖。他长期从事功能服装和个体防护研究，他主持研究的"防弹背心"，"防弹灰盔"等项目，填补了国内空白。他把自己研究的防护装具系列命名为"护神"，要充当人类的安全"守护神"。

此外，他还开展静电防护理论、特种防护服装研究与技术开发，研制的防静电、抗油拒水、阻燃等系列防护服装，装备到全国各大油田，并广泛用于石化、冶金、林业等部门。主持被服保暖材料、保暖机理和生产技术研究，合作研制成功热熔黏结絮片和PTFE防风防水透湿层压织物，广泛用于作训服、防寒服、南极考察服和运动服等。创建我国服装工效研究中心和单兵防弹装备V50弹击试验室，系统开展了服装工效学研究，实现了我国防弹装备测试评价与国际接轨。曾先后获得国家科技进步一等奖2项、二等奖1项，省部级科技进步奖多项成果奖励。

3.周翔

周翔，女，1934年生于上海，汉族，嘉兴学院材料与纺织工程学院教授，嘉兴学院院士专家工作站在站院士，纺织化学与染整工程专家。1986年加入九三学社，现任九三学社第十一届中央院士委员会委员、东华大学基层委员会主委。东华大学校学术委员会副主任、学位委员会副主任。教授、中国工程院院士。上海市欧美同学会副会长、东华大学纺织面料技术教育部重点实验室学术委员会主任、大连理工大学精细化工国家重点实验室学术委员会委员、中国纺织建设规划院专家委员会委员、中国纺织工程学会常务理事、中国印染行业协会理事。第十届全国政协委员。

1951年至1955年就读于华东纺织工学院染化工程系。1955年至1956年在山东省济南成通纺织染厂见习。1956年起在华东纺织工学院（1985年9月更名为中国纺织大学，后又于1999年8月更名为东华大学）任教，历任助教、讲师、副教授，1986年晋升教授。1984年起任系副主任，1985年主持全系工作，1986年至1993年任系主任。1981年至1983年作为访问学者在美国农业部南方研究中心合作科研。主要研究方向：纺织品功能整理、新型纺织化学品、功能高分子材料、纺织材料的表面改性、染整加工与环境。主要研究成果有："超低甲醛DP功能整理"获国家科技进步二等奖和纺织部科技进步二等奖、"涤纶织物的阻燃整理"获纺织部科技进步四等奖、"地毯背衬阻燃胶黏剂FRA-1"获上海市科技进步三等奖、"羊毛、化纤阻燃地毯"获浙江省科技进步三等奖。发表"Investigating the Reaction Course of N-Methylolation Reaction of Methyl Carbamate by NMR"、"The Application of Fire Retardant DFR to Polyester"、"Relationship between Cellulase Treatment and Dyeing Properties of Cotton Fabrics"等60多篇学术论文。1995年当选中国工程院院士。曾任九三学社第八届中央委员会候补委员，第九届中央委员，第九、十届中央常务委员。第八、九届全国政协委员，第七届上海市政协委员。

4.季国标

季国标，1932年出生于江苏省无锡县。父亲是一个小商店的店员，家境比较清寒，从小就体验了生活的艰辛。1938年在东林书院读小学，而后在辅仁中学念中学。1949年高中毕业后考入上海交通大学，先后就读于工业管理系和纺织染化系。1951年院系调整，转入华东纺织工学院，次年毕业。在大学期间，他加入了新民主主义青年团。大学毕业后，季国标被分配到青岛印染厂实习。1954年加入中国共产党。

1954年，纺织工业部为了发展中国化学纤维工业，选派季国标等6名青年去德国学习化纤技术，回国后，在保定化纤厂任技术室主任，协助厂长主管全厂的生产技术工作。

1958年秋，化工、纺织两部组团去日本考察化肥和化纤生产技术，由著名化学家侯德榜任团长。出发前，周总理亲自接见，交代任务。考察团回国，向周总理汇报后，国家决定筹建北京维尼纶厂。

1963年，季国标被调到南京化纤厂任副总工程师，在技术上主持建设和生产准备工作。

南京化纤厂建成投产后，季国标于1965年被调往兰州化纤厂参加筹建，为此又被派到英国学习合成纤维生产技术。学成回国后，担任兰州化纤厂副总工程师，直至工厂建成。

1973年，调纺织工业部，先后任化纤办公室工程师、成套设备进口办公室副主任、建设局副局长、化纤局局长、外事局局长、中国纺织机械技术进出口总公司总经理等职。

20世纪80年代以来，季国标曾任纺织工业部副部长、中国纺织工程学会理事长、纺织工业部科技委主任、全国政协科教文卫体委员会副主任等职，现为国务院国有资产监督管理委员会技术专家。1993年被联合国工发组织授予注册的高级化纤专家资格。1994年当选为中国工程院院士，1994～2000年为中国工程院主席团成员。2004年荣获由中国工程院管理和承办的第五届光华工程科技奖。

5.蒋士成

蒋士成，化纤工程设计与技术管理专家。1934年生于江苏省常州市。1957年毕业于华东化工学院，现任仪征化纤股份有限公司教授级高级工程师、顾问，兼任中国化纤协会副理事长。长期从事化工、化纤工程设计及技术开发、技术管理工作。作为主要设计总负责人，规划了我国最大的化纤基地——仪征化纤工程，全面负责设计、施工、安装、生产等方面的技术管理工作，为仪化一、二、三、四期工程的建成投产和生产、技术管理、消化吸收引进技术和国产化工作，做出了突出贡献。主持聚酯八单元30%增容技术改造，开发出了具有自主知识产权的国产化大容量聚酯技术，打破国外技术垄断，开创了聚酯装置建设国产化的道路。主持仪化公司贯标工作，推动仪化公司质量及技术管理水平不断提高。曾获建设部设计金奖和特奖各1项，中国纺织总会科技进步一等奖1项，中国石化集团科技进步一等奖1项，国家科技进步二等奖1项。

6.郁铭芳

郁铭芳，化纤专家。1927年生于上海市，祖籍浙江省鄞县。1948年毕业于上海私立东吴大学。曾任上海合成纤维研究所所长兼总工程师，现任上海合成纤维研究所顾问、高级工程师。20世纪50年代，参加筹建我国首家自行建设的合成纤维实验工厂，纺出了我国自己制造的第一根合成纤维，成为我国化纤领域的奠基人和学科带头人之一。1960年起先后主持多种化学纤维的研制，并获得多项国家省部级科学进步奖。在反复论证、多方准备的前提下，率先提出关于喷丝成布科技攻关重点项目的建议。1990年投身于1992、1993年度上海市重大工程项目"年产7万吨聚酯切片"的建设工作，该项目对于根本改变上海纺织化纤原料依靠外来供应的局面具有重要的意义。1995年当选为中国工程院院士。

7.孙晋良

孙晋良，产业用纺织材料及复合材料专家。1946年生于上海市。1968年毕业于上海科学技术大学。上海大学复合材料研究中心主任、高级工程师（教授级）。长期从事碳/碳复合材料、特种纤维及特种纺织材料等方面的研究工作。主持研究成功的新型复合材料增强骨架——聚丙烯腈预氧化纤维整体毡曾获国家发明三等奖。主持的碳/碳复合材料领域的研究成果处于国际先进水平，曾三次荣获国家科技进步二等奖。研制成功的各类碳/碳复合材料已应用于多种固体火箭发动机喷管系统及防热系统。在长二丙改进型运载火箭发射铱星中，在亚星二号、艾克斯达一号卫星发射中用于近地点发动机均获圆满成功。此外，在特种纤维及特种纺织材料等领域也进行了大量的研究和开发工作。研究成功的导电性合成纤维、复合材料成型用辅料——吸胶透气材料等成果在劳动防护、航空、航天等领域均得到了应用，并取得了良好的经济效益。曾发表过的主要论文有"碳/碳复合材料""碳纤维多向编织物概述""聚丙烯腈预氧化纤维针刺整体毡"等。

一、认识纺织品

纺织品是用纺织纤维原料，经纺织工业加工而成的产品。它的品种很多，用途很广，各行各业都有使用，从人类生存必需的服装鞋帽袜和日常生活装饰用品，到其他各个领域所用的纺织品，无时不有，无处不在。

（一）纺织品的种类

1.按照纺织品的用途分

按照用途，纺织品可分成衣着用纺织品、装饰用纺织品和产业用纺织品三大类。

（1）衣着用纺织品。从古至今，"衣、食、住、行"是人类生存的四大基本要素，以"衣"为首，每个人一生都离不开纺织品。衣着用纺织品一方面是为了满足御寒保暖、防暑降温、遮风挡雨的需要，另一方面还起着装饰美化的作用。衣着用纺织品主要包括服装及其面料和辅料、鞋子面料和辅料、帽子、围巾、袜子等产品（图2-1）。

（2）装饰用纺织品。装饰用纺织品根据使用场合有室内装饰用纺织品和室外装饰用纺织品，以室内装饰用纺织品为主要产品。这类产品在满足基本使用功能的前提下，更加强调对环境的美化和装饰作用。常见的产品有家庭、酒店用的床上用品、窗帘、地毯、壁毯、台布、沙发布、墙布等；剧场、影院、会议厅用的帷幔、幕布等（图2-2）。

(a)帽子　　　　　　　　(b)围巾　　　　　　　　(c)袜子

(d)外衣　　　　　　　　(e)内衣　　　　　　　　(f)鞋子

图2-1　衣着用纺织品

(a)窗帘　　　　　　　　(b)床品　　　　　　　　(c)沙发/地毯/靠垫

(d)毛巾/浴巾　　　　　　(e)桌布/餐垫　　　　　　(f)毯子

图2-2　装饰用纺织品

（3）产业用纺织品。产业用纺织品是各行各业用于再生产的各种纺织品。如汽车工业用的轮胎帘子线（或帘子布）、汽车内饰材料；航空航天领域用的宇航服、降落伞；造纸工业用的造纸毛毯；土木工程所需的土工布；农业上用于取代塑料大棚的新型保温透光的丰收布；医疗卫生领域所用的纺织品（纱布、绷带、止血棉、婴儿用尿片、人造血管、人工器官）；体育器材和人造草坪等（图2-3）。

(a)丰收布　　　　　　　(b)防护服　　　　　　　(c)宇航服

(d)遮阳棚　　　　　　　(e)人造血管　　　　　　(f)轮胎帘子线

图2-3　产业用纺织品

以上三大类纺织品被称为纺织产品的三大支柱产品。

2.按照纺织品的形态分

（1）线形纺织品。此类产品呈线形，主要用来加工成最终用途的纺织品。如缝纫线、刺绣线、帘子线、绒线、各种花式纱线、渔网线、工业及民用绳索等（图2-4）。

（2）平面形（板形）纺织品。此类产品呈板材形状，有一定的厚度，也称为织物，是纺织品的主要品种，根据形成方法不同，有传统的织造类产品（织物）和非织造类产品两大类。

①传统织造类：织造的原理和方法不同，常见的产品有机织物、针织物、钩编织物等（图2-5）。

②非织造类：主要有非织造布和各种纤维复合材料。

（3）其他形状纺织品。如立体、管状等特殊形状的纺织品以及球拍、球棒等（图2-6）。

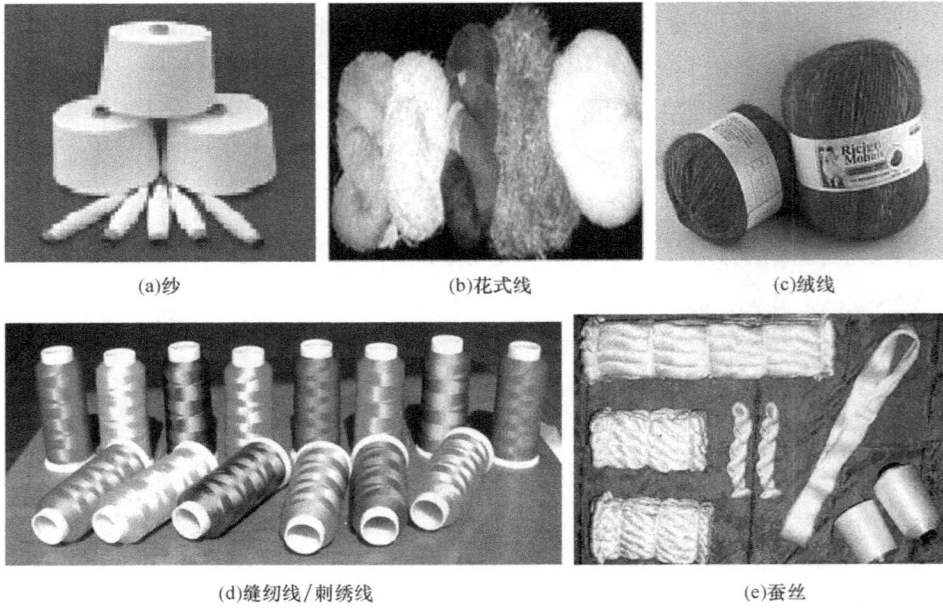

(a)纱   (b)花式线   (c)绒线

(d)缝纫线/刺绣线   (e)蚕丝

图2-4 线形纺织品

(a)机织物

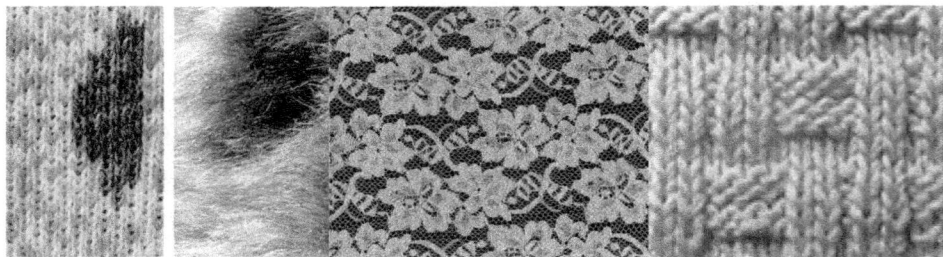

(b)针织物

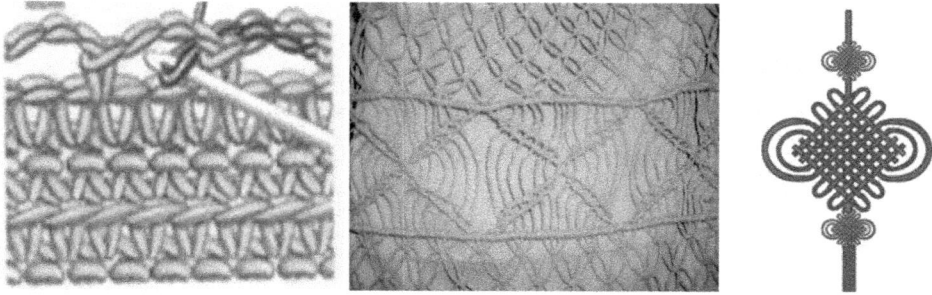

(c)编织物

图2-5　传统织造类织物

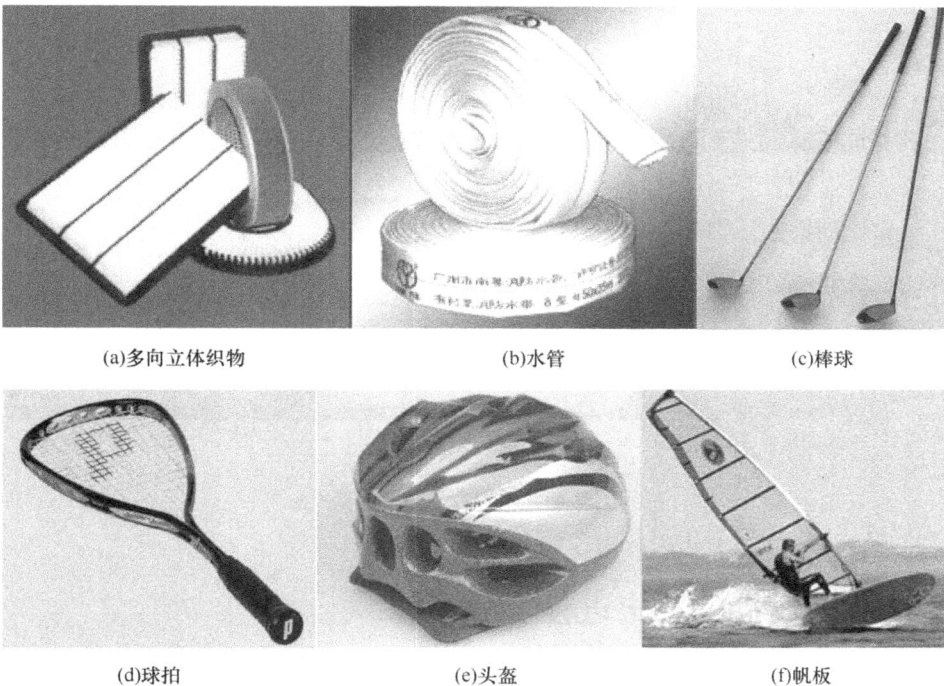

(a)多向立体织物　　　　　　　　(b)水管　　　　　　　　　(c)棒球

(d)球拍　　　　　　　　　　(e)头盔　　　　　　　　　　(f)帆板

图2-6　其他形状纺织品

（二）纺织产品的形成过程

1.传统织物的形成过程

根据纤维形态不同，织物形成的过程有一定的差异，具体过程如下：

纺织纤维→纱线→坯布→成品布

纺织纤维的形态有短纤维和连续的长丝两大类。以棉、麻、毛、丝和各种化学短纤维为原料，经过纺纱加工，制成连续的、符合要求的短纤纱（线）；化学纤维长丝（原丝）经过牵伸、变形等处理，制成各种化纤长丝纱（线）；蚕茧经过缫丝制成各种规格的生丝。

纱线经过机织或针织加工，形成各种坯布；再经过染整加工，制成成品布，供后道服

19

装、家纺等最终产品的生产。

2.非织造布的形成过程

以纤维母粒、短纤维或长丝为原料，采用不同的成网方法，形成纤维排列方向各异的、有一定规格的、厚薄均匀的纤维网（层）；根据产品的需要，采用不同的固结方法，制成符合要求的非织造布（坯布）；染整加工同传统织物。

图2-7为织物形成过程中各个阶段的产品。

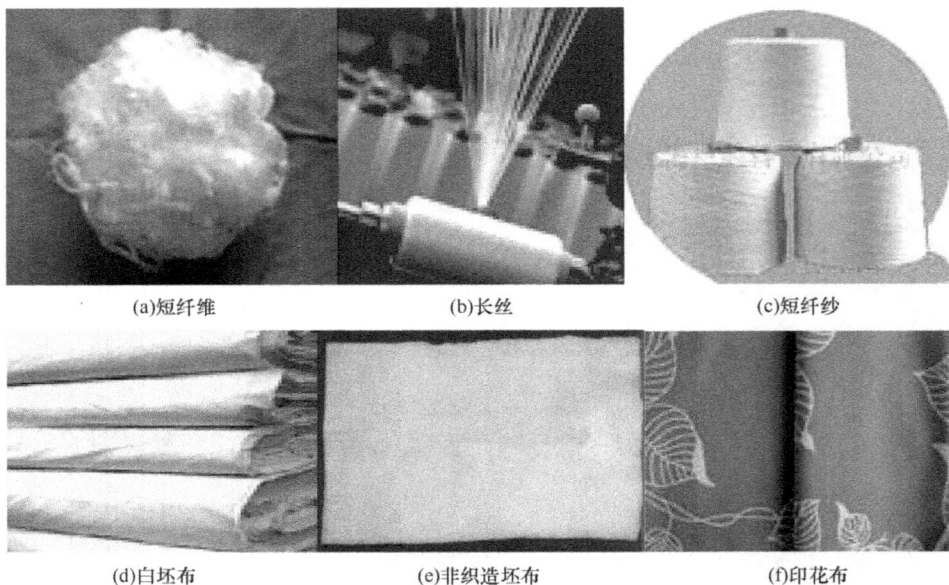

(a)短纤维　　　　　　　(b)长丝　　　　　　　(c)短纤纱

(d)白坯布　　　　　　　(e)非织造坯布　　　　　　(f)印花布

图2-7　织物形成过程中各个阶段的产品

二、纺织业发展的历史进程

（一）纺织的起源与发展

纺织生产技术是世界各族人民长期创造性劳动经验积累的产物，一般以纺织技术的发展来考察世界纺织生产的起源、发展及其规律。纺织技术在历史上经历了两次重大的飞跃：第一次是手工机械化，即手工纺织机器的全面形成；第二次是大工业化，即在完善的工作机构发明后开始的近代工厂体系的形成。第一次飞跃约在公元前500年，开始于中国，经历10来个世纪逐渐在世界各地普及；第二次飞跃在18世纪下半叶发生于西欧，推广的速度比第一次快，但也经历了一个世纪。20世纪下半叶，发达资本主义国家纺织业开始衰退，第三世界发展中国家的纺织业则逐渐兴起。

1.原始手工纺织

世界纺织起源于原始手工纺织。世界各个地区开始纺织生产的时间迟早不一。大约公元前5000年，世界各文明发祥地区都已就地取材开始了纺织生产，如北非尼罗河流域居民利用亚麻纺织；中国黄河、长江流域居民利用葛、麻纺织；南亚印度河流域居民和南美印加帝国人民均已利用棉花纺织；亚细亚地区已有羊毛纺织。这个时期的原始纺纱工具纺专和原始织机零件已在中国河北、浙江，南亚印度河流域和北非埃及等地区出现。纺专有竖式和卧式两种。希腊保存的公元前550年的花瓶上，有用吊式纺专纺羊毛的古代手纺图像，中国西南部少数民族则保存了倚膝立地竖式纺专纺纱的古代工艺。南美安第斯地区则把卧式纺专放在腿上纺纱。原始织机有悬挂式和平铺式两种，平铺式织机的两根轴用四根木桩固定于地面上，称地织机。埃及出土公元前4000年的陶碟上绘有这种地织机的图像。

人类在旧石器时代已使用矿物颜料着色，如中国山顶洞人和欧洲克罗马农人。世界很多地方都发现了古代着过色的织物。中国在公元前3000年已使用植物染料茜草、靛蓝、菘蓝、红花等。印度在公元前2500年使用茜草和靛蓝，埃及在公元前2000年使用菘蓝和红花，秘鲁地区居民很早就掌握了制取虫红染料的方法。

新石器时代的纺织产品主要是各种短纤维织物。如北非尼罗河流域的亚麻织物；南亚恒河、印度河流域的棉织物；南美华加普利安特地区的棉、毛交织布和玛雅人织制的棉、剑麻交织布；里海、爱琴海沿岸和西亚两河流域的毛织物；中国黄河、长江流域的丝织物。在这些织物上，有的用手绘花纹，有的用织纹构成简单图案，有的用刺绣。有人认为高加索地区的古代居民甚至已有了原始印花。

2.手工机器纺织

原始手工纺织生产经历了漫长的历史演进，各地区或先或后地出现了由原动机件、传动机件和工作机件三部分组成的手工纺织机器，如手摇纺车、缲车、脚踏织机等。手工纺织机器通过传布、交流而逐步完善。最后，随着较完整的工作机件的产生，为转变到集中性动力机器大工业生产准备了技术条件。

中国在大约公元前500年已基本完成手工纺织机器的配套。古代埃及也曾使用亚麻纺车，图2-8为古代埃及亚麻纺车。

在织机方面，中国以外各地除朝鲜、日本、波斯（今伊朗）、中亚等地外，进展较慢。挪威奥斯陆出土公元9世纪的综板织机配有52片木综板，如图2-9所示。在公元1200年前后两片综板的脚踏织机才在其他地区逐渐广泛使用。

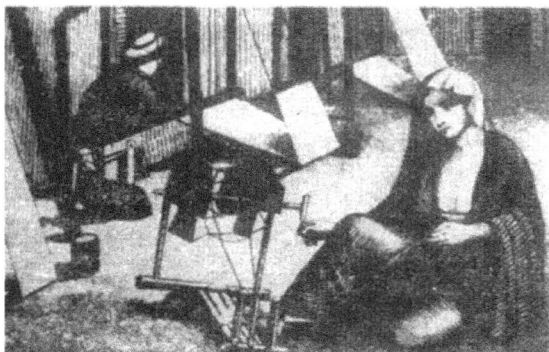

图2-8　古代埃及亚麻手工纺车

图2-9　奥斯陆出土的多综板织机

16世纪以后，欧洲手工纺织机器开始有了较大的改进。1533年德国J.于尔根制成装有翼锭和筒管的手工纺车，使加捻和卷绕动作可以同时连续进行，使纺车的生产效率大大提高。1764年英国J.哈格里夫斯制成竖式8锭珍妮纺车，把预先制成的纤维条用罗拉喂入，从而摆脱了喂入纤维时的手工方式。不久，手工操作的翼锭式罗拉纺纱车和走锭纺纱车相继出现。织机在欧洲直到17世纪仍多沿用比较原始的形式，如法国生产著名的提花毯的戈布兰织机。18世纪以后，织机在欧洲取得较大的改进。1733年英国J.凯发明手拉机件循箱坐投梭的装置（飞梭），其后升降梭箱也创造出来。这是继脚踏提综之后的又一个划时代的发明。中国花本提花机（花楼机）经欧洲人逐渐改进，到18世纪末，法国J.M.贾卡制成人力发动的纹板提花机。1589年英国W.李制造出手工针织纬编机，1775年英国人J.克雷恩制成针织经编机。

染整的机械化进展更晚。手工生产方式延续了更长的时间。古印度人在4世纪前后掌握了扎结染色，古埃及人在9～10世纪学会了蜡防染色。这两个地区很早已使用模版印花。欧洲在12世纪以前印花技术只在少数地区流传，如西欧的莱茵兰。到17世纪德国人学会蜡防染色，英、法、荷兰等居民则学会用茜草媒染。17世纪末到18世纪初，欧洲开始出现滚筒印花。1785年英格兰人T.贝尔综合前人成果研制成功滚筒印花机，使印花生产达到连续化。

3.古代的纺织产品

中国古代彩色提花织锦技术对日本、波斯、罗马等地影响很大。印度公元前300年生产的精美印花棉织物麦斯林薄纱对欧洲也颇有影响。波斯织品在公元前4世纪已享盛名。萨珊王朝（229～651年）时期以丝、毛为原料的斜纹重纬多彩提花织物受到世界各地人民的欢迎。埃及在3～12世纪生产的以亚麻和毛为原料的提花挂毯，7～10世纪秘鲁的棉经、驼羊毛纬的蒂华纳科织物，10～12世纪拜占庭的织物，巴格达、叙利亚、埃及和西班牙的伊斯兰教主题纹样的织物都曾广泛流行。12世纪以后，波斯和意大利开始生产天鹅绒。13～14世纪受中国纹样影响的意大利卢卡丝织物、法国毛织挂毯、英国刺绣丝织品等，成为欧洲最著名的品种。16～17世纪波斯天鹅绒和栽绒地毯，意大利和佛兰德亚麻单色提花织物，法国里昂丝织物、丝织挂毯、针织花边等相继盛行。印度的印花棉布在欧洲也极流行。这个时期日本产品在中国、印度等产品的影响下形成具有民族特色的风格（图2-10）。

图2-10 古代的纺织品

4.大工业化纺织

18世纪下半叶，产业革命首先在西欧的纺织业开始，机器把工人的手从加工动作中初步解脱出来，为利用动力驱动的集中性大工业生产方式准备了条件。18世纪，欧洲资本主义生产方式逐步建立，贸易大为发展。殖民地的占领，又提供了广阔的原料基地和销售市场。手工纺织机器工作机件的一系列改进，使得利用各种自然动力代替人力驱动的集中生产成为可能。18世纪70～80年代欧洲广泛利用水力驱动棉纺机器。到1788年英国就有了143个水力棉纺厂。18世纪末，纺织厂开始利用蒸汽机。从此家庭手工业生产逐步被集中性大规模工厂生产所代替。

纺织生产的大工业化，反过来又促进了纺织机器更多的革新与创造。1825年英国R.罗伯茨制成动力走锭纺纱机，经不断改进，逐渐推广使用。1828年更先进的环锭纺纱机问世，经过不断改进，得到广泛使用，到20世纪60年代几乎完全取代了走锭纺纱机。翼锭和环锭的发明，使加捻和卷绕两个动作可以同时连续进行，这比走锭纺纱机上加捻和卷绕交替进行提高了生产效率。但是加捻和卷绕工作是由同一套机构（翼锭或环锭）完成的，这就限制了成纱卷装的尺寸。卷装尺寸与机器运转速度之间产生了矛盾，要解决这个问题，只有把加捻和卷绕分开，各由专门机构来进行。20世纪中叶，各种新型纺纱方法相继产生，如自由端加捻的转杯纺纱、静电纺纱、涡流纺纱、包缠加捻的喷气纺纱、假捻并股的自捻纺纱等。

织造方面，自从1785年动力织机出现后，1895制成了自动换纤装置，1926年制成了自动换梭装置，织机进一步走向自动化。但是引纬还是利用梭子。为了引入很轻的一段纬纱，要让重几百到上千克的梭子来回迅速飞行，是能源的极大浪费。20世纪上半叶，相继出现了不带纡管的片梭织机，用细长杆插入纬纱的剑杆织机、用喷水、喷气方法入纬的喷射织机等，这就从根本上消灭梭子，从而取消卷纬工序，同时大大提高织机速度，降低噪声。但是打纬还是无法避免，因此织机仍是往复式的，噪声和速度的限制还不能突破。循环运动的圆型织机尚在研究之中。

5.染整技术的进展

纺织化学工艺从18世纪开始也有很大的进展。欧洲一些化学家对染料性能和染色原理的研究首先作出突破。到19世纪以后，人工合成染料取得了一系列成果。如苯胺紫染料（1856年）、偶氮染料（1862年）、茜素染料（1868年）、靛蓝染料（1880年）、不溶性偶氮染料（1911年）、醋酸纤维染料（1922～1923年）、活性染料（1956年）等。合成染料的制成使染料生产完全摆脱人对于天气的依赖，使印染生产进入了新时期。同时，浸染、轧染的连续化、溢流染色等新工艺的产生，各种染色助剂和载体及相应的染色设备的问世，使染色逐步实现了机械化大工业生产。印花也逐步实现了自动化。滚筒印花、圆网印花等机器先后投入生产。但是某些特别精细的印花品种仍用半自动或手工操作。19世纪以后，纺织品整理技术发展也很快，新型整理方法不断出现。轧光、拉幅、防缩、防皱整理、拒水整理、阻燃整理等工艺都在不断完善，适应化纤制品的各种染整新工艺也已经配套。

6.化学纤维的产生与发展

纺织进入大工业化生产时期以后，规模迅速扩大，对于原料的需求促使人工制造纤维技术的发展加快。17世纪以来人们的一些尝试在化工技术和高分子化学发展的基础上不断取得进展。19世纪末，硝酸人造丝和黏胶人造丝开始进入工业生产。20世纪上半叶，锦纶、腈纶、涤纶等合成纤维相继投入工业生产。人工制成的化学纤维品种很多，有的具有比较优良的纺织性能和经济价值，生产规模不断扩大。有的则由于性能不佳或者经济上不合算或者产生严重环境污染而趋于淘汰。以后人们致力于研究使化学纤维具备近似天然纤维的舒适性能，或者具备天然纤维所不及的特殊性能，改性纤维和特种纤维的开发工作不断取得重大进步。

（二）我国纺织业的现状

我国已经成为世界纺织服装生产大国，我国化纤、纱、布、呢绒、丝织品、服装的产量均居世界首位，是世界最大纺织品和服装生产国，也是世界纺织品和服装第一出口大国。纺织品出口约占全球纺织品服装出口总额的30%。

但是，纺织工业在快速发展的过程中，长期积累的矛盾和问题也日渐凸显，主要表现在：自主创新能力薄弱，高技术、功能性纤维和复合材料开发滞后，高性能纺织机械装备主要依靠进口；产业布局不尽合理，纺织工业能力的80%集中在沿海地区，出口市场近50%集中在欧盟、美国和日本，尚未形成多元化格局；节能减排任务艰巨，纺织工业能耗、水耗、废水排放量分别占全国工业总能耗、总水耗、总废水排放量的4.3%、8.5%和10%；产能规模盲目扩张，部分行业产能过剩。2008年下半年以来，国际金融危机对我国纺织工业造成严重影响，市场供求失衡，企事业经营困难、亏损增加，吸纳就业人数下降，我国纺织工业陷入多年未见的困境。

1.国内纺织业区域分布情况

我国的纺织工业分布十分普遍，又有一定程度的集中。全国的大纺织业区有以上海为中心的苏浙皖地区，以武汉为中心的湘鄂赣地区，以重庆为中心的四川盆地地区，以天津为中心的京津冀地区，以青岛、济南为中心的山东地区，以郑州为中心的河南地区，以山西为中心的山西地区，北京地区，东北地区及西北地区等。其中大的棉纺织城市为上海、天津、石家庄、郑州、武汉；毛纺城市及地区有上海、天津、江苏、辽宁、青海；大的丝纺城市及地区有上海、天津、青岛、大连、无锡、株洲、益阳、黑龙江等；大的化纤城市及地区有上海、辽宁、仪征、平顶山、丹东、保定、北京等地。主要有长三角纺织工业区，泛珠三角纺织工业区，环渤海纺织工业区。效益好的企业集中在浙江、江苏、广东、山东、上海地区，销售收入占全行业的76%，实现利润占全国的90%。市场和效益有区域分布集中化趋势，主要集中在浙江、江苏、山东、广东、上海、福建六大省份，出口额占全国80%左右。广东主要出口香港；浙江的出口产品附加值不高；江苏、山东以棉制品为主，利润较高；上海是主要的出口口岸；福建以针织、机织服装成衣为主。当然这六大省市也存在分化，上海的发展明显已经减速，江、浙两省填补了上海留下的大量空白，山东纺织业在环渤海经济圈已显示出强大的领头作用，其纺织业的发展具有很强的发展潜力，广东纺织业的增速不很理想，一方面是由于该地区纯加工贸易的模式存在弊端；另一方面，该地区也逐渐有选择地退出传统行业而专注于新兴产业，但是广东纺织业的整体工业化水平高于江、浙两省。

　　从区域分布的前景来看，短期内这个格局不会有很大的变化。可能存在的变化有两个：第一是福建可能超越上海；第二是中西部的产业质量可能会得到一些提高。但从中长期来看，随着中国纺织工业本身发展阶段的进一步跃升以及沿海省份在高新产业上的逐步壮大，国内特别是中西部地区物流水平继续提高，纺织产业有向中西部转移的趋势。

2.我国的纺织品服装进出口情况

　　中国的纺织服装行业可以说是中国入世后受益最大的行业之一。据中国海关总署数据显示，从2001年到2010年我国纺织服装出口基本保持了两位数的增长幅度，出口十年累计增长近3倍。中国已成为全球第一大纺织服装出口国。入世虽然带给纺织行业前所未有的发展契机，却也同时带来了一系列严峻的挑战。除欧美国家之外，土耳其、巴西、秘鲁、哥伦比亚、南非等众多发展中国家也频频利用各种贸易救济手段限制我纺织服装出口。不仅如此，近年来，我国纺织业还遭受着劳动力成本快速上涨以及企业"招工难、用工荒"等棘手问题。站在新十年的起点，纺织业如何克服困难，继续昂首前行？

　　中国目前已成为全球第一大纺织服装出口国，十年来，纺织服装出口累计增长近3倍。入世为我国纺织服装出口发展带来机遇，但同时国外贸易保护主义也日益严峻。

　　据世界贸易组织统计数据显示，2001年中国纺织服装出口占全球出口份额为15.6%，2009年占到全球出口为31.7%，2010年达到33%，成为全球第一大纺织服装出口国，这主要得益于我国加入世贸组织后，按照WTO规则，欧美等国从2005年起全面取消了对中国纺织服装产品的配额限制，使我国纺织服装生产出口能力得到充分的释放，迅速拉大我国与竞争对手的差距。

　　据中国海关总署数据显示，从2001年到2010年我国服装出口基本保持两位数的增长幅度。其间，除了2008年下半年至2009年受全球经济危机影响，国外消费市场需求下降，我国纺织服装出口随之出现下滑，其余各年度服装出口年增幅均在17%～28%。2010年全球经济缓慢复苏，我国纺织服装出口再创新高，达到2065.4亿美元，比2001年的出口额累计增长了292.1%，年均增幅为16.4%。

　　加入世贸组织，为我国纺织服装出口发展带来机遇，但同时国外贸易保护主义也日益严峻，给我国纺织服装出口带来诸多不确定因素。2005年按照纺织品服装协议一体化进程，欧美取消了对我国的纺织品服装的配额限制，但不到一年时间，又以我国纺织服装输欧美激增为由，重新与我国签订中欧、中美纺织品服装谅解备忘录，继续实行数量限制。除欧美外，土耳其、巴西、秘鲁、哥伦比亚、厄瓜多尔、南非等众多发展中国家也频频利用各种贸易救济手段限制我国纺织服装出口。

　　现如今，中国已成为纺织品第一大出口国，入世十年的经历对纺织业全球竞争力的提升有着怎样的帮助？

　　我国加入世贸组织后，纺织服装出口生产能力逐步得到释放，占国际市场的份额逐年提高，但随着国内经济劳动力、原材料、能源成本的不断上涨，以及国内外诸多不确定贸易因素的影响，中国纺织服装业"低成本、高成长"时代将渐行渐远。纺织服装企业在激烈的市场竞争中求发展，不断提高自身的科技创新、研发设计、品牌营销、运营管理能力，使"中国纺织服装"的国际地位正在慢慢发生改变。

纺织服装产业链日趋完整,是我国一大竞争优势。与其他纺织服装主要生产出口国相比,我国纺织服装产业链完整,是一大竞争优势。尤其是经过近几年的发展,产业链各个环节的竞争力有较大提高,全国形成了许多有特色的纺织服装产业集群。

劳动力成本逐年上涨以及"招工难、用工荒"的问题促使企业加快技术革新、产业转移的步伐。较低的劳动力成本,一直是我国纺织服装业在国际市场中的竞争优势之一。但近年来,劳动力成本快速上涨,以及企业"招工难、用工荒"的问题,已成为困扰企业发展的一大难题。目前,我国劳动力成本已比周边东盟、南亚主要纺织服装生产国的劳动力成本都要高。

面对这一难题,我国纺织服装企业进行设备更新、技术改造、信息化建设的步伐大大加快。此外,产业梯度转移也方兴未艾。如苏南企业到苏北、安徽开发,粤南地区的企业向粤北、江西等地发展。

产品结构调整,改变追求数量增长的发展模式。纺织服装行业是中国最早开始市场化运作的行业之一,竞争充分。这种激烈的竞争促使纺织服装企业不断提高自身实力,调整产品结构,提高产品附加值,改变了过去单纯追求数量增长的发展模式。

贸易服务便利化、多元化,满足各种类型外商的需求。除了纺织服装产业链完整,我国贸易服务的便利化、多元化也是外商选择在中国采购的一大因素。出口商不断提高自身的服务意识,从过去的OEM逐步向ODM、OBM转变,不再仅保证产品的加工质量,而是进一步提供打板、设计、物流分销等一系列的增值服务。企业接单反应也更加灵活,由过去只接大批量、长期订单,转接小批量、交货快的订单,来适应各种不同类型的客户。此外,银行金融服务、物流运输便利也是目前我国贸易发展的竞争优势之一。

以自有品牌开拓外国市场,同时引进国外品牌进入中国市场。我国是纺织服装生产和贸易大国,却不是强国,单靠庞大的生产规模和贸易金额不能带来丰厚的利润,以自有品牌开拓国际市场成为不少企业的发展目标。近年来,Lily、Vigoss、李宁等品牌低调在欧美市场开店,拉开了中国企业进军国际市场的帷幕。

另外,原来为外国品牌进行贴牌加工的制造商,变身为其品牌在中国市场的代理商,实行特许加盟,将外国品牌引入中国市场,不仅经营风险小,而且有国外品牌成熟的市场推广经验,代理的同时,国内厂商也从中受益,如Northland、MEXX等。

近年来,纺织行业竞争压力逐渐增大,尤其是出口领域,面临东南亚等国家和地区的竞争日益激烈,相当一部分出口企业倍感困惑,如何看待这一现象?如何突围?

中国成为世界纺织服装第一大出口国,主要得益于我们的产品在出口价格方面具有很强的竞争优势,除此之外,中国纺织服装在产品质量、生产效率、产品设计研发、企业的快速反应、设备技术改造升级、工艺流程改进以及物流方面都取得了长足的发展,为我国成为世界纺织服装出口大国奠定了雄厚的基础。

但也应看到,随着世界纺织服装贸易、生产格局的变化以及我国经济的快速发展,尤其是东南亚等国家和地区纺织服装业的快速发展和国内劳动成本的大幅提高,我国纺织服装出口面临的压力越来越大，不可能永远保持较大幅度的增长。

相反，中国纺织服装出口从规模上来讲已经到了顶峰，开始出现拐点，行业必然面临结构调整、转型升级的抉择。纺织服装生产出口企业要转变传统的生产经营观念，要从产品质量、设计研发、提高生产效率、压缩生产成本、人才培养、品牌战略、营销推广以及产品服务等方面提升来增强企业的综合竞争实力，不仅要做出口大国，更要做出口强国。相信不久的将来，中国将成为世界纺织服装出口强国。中国纺织服装出口约占全球份额的1/3，具有绝对的优势。与此同时，纺织服装行业在我国国民经济发展中具有重要地位，根据中国的国情和行业的特点，未来十年乃至更远的未来，纺织服装出口依然具有光明的前景：尽管出口规模可能有所减少，但世界第一的位置难以撼动。行业将在产品结构、设计、面辅料的研发、生产工艺改进、效率提高、配套物流、品牌发展、海外营销渠道的拓展以及自主品牌等方面，提升推进中国纺织服装出口从大国走向强国。

3.纺织品服装的质量情况

纺织品服装是风险非常高的行业。不管是身上穿的服装，还是床上用的纺织品，都是与每一个人的生活息息相关的，因此纺织服装的质量问题就尤为重要。随着经济的发展，人们生活水平的提高，对服装的质量、是否环保、有没有安全隐患都提出了严格要求。

近年来，世界许多国家相继发布了纺织品和服装有关安全、卫生方面的技术法规、法令，形成了所谓的绿色壁垒，给我国的纺织服装业带来了前所未有的冲击。在现有的生产条件下，有的企业为了蝇头小利，采用选择质量不良、价格低廉的原辅料，造成产品质量问题，最终带来了不可估量的损失。主要表现在以下方面：

（1）结构设计不合理。设计不合理是纺织品服装最大的质量隐患，占欧盟被通报服装产品的71.4%，占美国被通报服装产品的73.3%。这些问题涉及的全为儿童服装，主要问题是在童装上使用了弹性绳索，拉伸后容易打到儿童的脸部和眼睛；童装的帽绳、下摆绳、固定腰带、裙带、背带等部位超过长度限制，形成过长套索，在儿童活动过程中易被周围的物体钩住造成意外伤害，或可能勒住儿童颈部，存在导致儿童窒息的危险。在欧美国家，只要在合理可预见使用过程中，消费品对人体产生了危害或伤害事故的发生，该消费品就必须被召回。所以生产企业制造的产品如果仅仅满足客户要求，而不了解出口国家的法律法规和标准要求，出口产品还是会存在一定的风险。

（2）配件不符合要求。服装上往往配有各种纽扣、铆钉、小绒球等小零件、小附件，如果装拉链不符合要求，在使用过程中就容易松动脱落。该类质量缺陷占欧盟被通报服装产品的17.14%，占美国被通报服装产品的20%。被召回主要原因是装饰件的缝制牢度未达到规定的拉力要求，儿童因对小物体的好奇心，会撕扯、啃咬这些小附件，脱落后误吞而造成窒息。产品质量存在安全隐患。

（3）使用禁用偶氮染料。禁用偶氮染料在还原条件下将释放出某些对人体有致癌作用的芳香胺，并经活化作用改变人体DNA结构，可能引起人体癌变。在欧盟通报服装中有4批服装被检出含有超标的芳香胺，含量均处于136~356mg/kg之间，超出了欧盟化学品限制令76/769/EEC规定的4~12倍。

（4）重金属含量超标。重金属一旦被人体吸收则会累积于人体的肾、肝、骨骼等重要器官，对健康造成无法逆转的巨大损害。通常美国对一些服装印刷的树脂图案或面料涂层中铅含量控制要求甚严。欧盟对所使用的纽扣、拉链、铆钉、按钮、饰牌等金属辅助材料的镍释放量要求符合94/27/EC规定标准。如2008年8月，美国消费品安全委员会召回了600多条中国产童裙，召回原因为该童裙上的金属扣表面涂料的铅含量超标，违反了联邦含铅涂料标准。

随着国际国内纺织品服装市场竞争的加剧，越来越多的企业开始重视产品的质量安全问题，纺织品服装的质量逐年得到提升。

阅读材料：我国纺织服装质量提高　获外国消费者认可

在2011年5月召开的全国纺织行业质量工作会议上，中国纺织工业联合会副会长杨东辉透露，"十一五"期间，我国纺织服装实物质量整体提高，得到了国内外消费者的认可。从内销看，纺织服装大类产品抽查平均合格率为86.87%，高出"十五"期间的71.33%；从出口看，我国纺织出口竞争系数是81.64，高出"十五"期间14.84个百分点，而且产值数量价值的增长远远高于数量的增长。

据介绍，2010年我国服装出口总延米为211.5亿米，比2005年提高了27.74%，创汇额提高了59.84%，出口金额增幅高于出口数量增长一倍，证明中国纺织服装产品质量大大提升，从而增强了产品的竞争力。

纺织业产品质量水平不断提升，得益于技术装备的改良升级。"十一五"期间，我国纺织业共进口国外的先进设备199亿美金，采用国内先进设备是2800亿元人民币，约1/3重点企业的技术装备达到了国际的先进水平。自动化、高速化的应用，在整体上提高了纺织行业产品的质量。

纺织业产品质量水平不断提升，还得益于行业标准的不断完善。目前行业国际标准采用率高于85%，有些品类的行业标准还高于国际标准。

纺织业产品质量水平不断提升，更得益于监管到位。"质量管理是一门科学，要尽量的量化分析，量化评定，增强可操作性，才能真正促进行业发展。"杨东辉介绍，目前，纺织行业有1万余个QC小组，通过参与企业产品质量改进活动，在提高企业产品质量和服务质量、节能降耗、提高职工素质、应对市场挑战、提高企业经济效益和社会效益等方面发挥了积极的作用。

（资料来源：全球纺织网）

（三）我国纺织业的未来

应该看到，我国纺织工业具备较强的市场适应能力，产品在国际市场具有比较优势，国内市场需求还有很大潜力，纺织工业发展仍具有广阔的市场空间。

从国内看，我国纺织业将有大的发展前景。

首先，随着人民生活水平由温饱型向小康型的迈进，对纺织品的需求开始由保暖为主转向以追求时尚和表现个性为主。我国国民经济整体素质和综合国力也迈上新台阶，人民对纺织的数量、品种、档次和质量要求越来越高，纺织工业必须加快改革步伐，建立快速反应机制，使纺织品日趋成品化、配套化、时尚化和个性化。

其次，随着现代化建设步伐的加快，国内装饰用、产业用纺织品的供需矛盾将日益突出，这势必要求装饰用、产业用纺织品的改革速度大大快于以往任何一个时期。

再次，中国人口占世界人口的1/5，纺织品在相当长时期内必须立足国内，特别是农村市场。目前我国农民生活水平的提高，农村市场对服装需求潜力巨大。同时，我国仍具备劳动力和资源的比较优势，为我国纺织业的发展提供了有利的客观环境。

从国际环境来看，世界纺织品生产与供应中心已东移亚洲。过去垄断世界纺织品出口的西方发达国家已成为纺织品的主销市场。如美国几乎所有的纺织品都需进口。世界纺织品贸易迅速向成品化、高质量、时尚化转变，从而改变了国际纺织品市场的商品构成。主要表现为：服装和制成品已成为纺织品贸易的主体；化学纤维及其制成品的贸易比重上升；世界高科技的发展，大批新型合成纤维的问世，扩大了纺织品的服务领域，产业用纺织品在世界市场上取得了新的地位；同时对纺织品的时尚化、个性化需求日益突出，致使纺织品贸易向小批量、多品种、多变化、快交货、高附加值的方向发展。

我国内销纺织品的消费水平，取决于经济的发展、人口的增长和消费结构的变化。未来5～10年内，纺织品的消费将进入一个新的阶段，纺织工业的发展速度将有所减缓，但绝对量仍有较大增长。在外销市场上，总体来看，未来3～5年内世界纺织品服装需求仍然较为旺盛。

三、纺织业的重要性

纺织产业是我国纺织行业在市场配置资源发挥基础作用的条件下，社会资本、人力资本和产业支撑体系基于产业特点、地域特点与网络特性的比较优势，形成的新型产业结构组织。对于我们这样一个人口大国来说，纺织业的兴衰与发展非常重要。纺织业是我国国民经济传统产业和重要民生产业，在中央大规模增加政府投入，大范围实施调整振兴产业规划等一系列政策扶持下，各地各级政府高度重视纺织业发展。

（一）纺织业是重要的民生产业

我国是世界上最大的纺织品生产和出口国，纺织行业也是吸纳就业人口最多的传统制造业和劳动密集型产业，纺织产业的兴衰直接关系到大约2000万产业工人的就业，间接影响到1亿农民的生计。

一个行业的行业地位是由国家对产业的定位决定的，只有改变对纺织企业的定位，才能改变其行业地位。中国是人口大国，要满足十几亿人口不断增长的衣着消费需求，必须大力发展纺织工业。同时，纺织工业必须加快结构调整，形成可持续发展机制，走上一条科技含量高、经济效益好、资源消耗低、环境污染少、人力资源得到充分发挥的新型工业化发展之路，实现从纺织大国向纺织强国的转变。

国务院常务会议指出，轻纺工业是中国的传统优势产业，保持轻纺工业稳定健康发展，对于保障就业、促进经济增长、维护社会稳定等具有重要意义。就业是民生之本，解决就业问题，是建设和谐社会的重要方面。纺织工业具有很长的产业链，其中棉纺、丝绸、毛纺等行业的原料与农业息息相关。纺织行业发展所需的原料关乎1亿农民的生计，纺织行业的2000万产业大军中，70%是农民工。1400万农民在纺织服装企业里打工，如果按照年收入1万元粗算，纺织服装业给农民带来的直接经济收入就达到了1400亿元，提高了1000多万个农民家庭的生活水平。"以工促农""以工养农"，纺织产业集群的快速发展，不仅提高了当地农民的收入，而且极大地推动了社会主义新农村建设进程，与党的十七大精神相符合。

2009年的《纺织工业高调整振兴规划》，除了继续肯定纺织业作为国民经济支柱产业的地位以外，还给了纺织业一个新的定位——民生产业。我国的纺织行业中，90%多的规模以上企业都是中小企业，而这些中小企业中80%多的工人是农民工。这些企业集中解决了大量农民工的就业问题。目前国家最关注的问题之一就是民生问题。国家把对纺织工业的认识上升到"民生"的高度，可见国家对纺织行业运行情况的重视。

从国家对纺织业的定位来看，在相当长的时间里它还是具有乐观的发展前景的。毕竟十几亿老百姓穿衣的问题还是非常重要的。从另一方面讲，所谓的"劳动密集型"也不是绝对的，纺织工业里面也有资金密集型的行业，比如化纤、棉纺企业，通过不断的技术升级，装备水平极大地提高了，劳动生产率也有了大幅度提升。产业升级是一个循序渐进的过程，在国内也有一个由东到西的发展过程。产业产能在国内的转移也是有很大的空间的。比如上海市是我国纺织业发达的地区，现在他们已经不再鼓励发展劳动密集型的纺织工业，开始把这部分产能向其他地区转移。

阅读材料

前国务院总理温家宝（2009年2月4日）主持召开国务院常务会议，审议并原则通过纺织工业和装备制造业调整振兴规划。

会议认为，纺织工业是我国国民经济传统支柱产业和重要的民生产业，也是国际竞争优势明显的产业，在繁荣市场、扩大出口、吸纳就业、增加农民收入、促进城镇化发展等方面发挥着重要作用。加快振兴纺织工业，必须以自主创新、技术改造、淘汰落后、优化布局为重点，推进结构调整和产业升级，巩固和加强对就业和惠农的支撑地位，推进我国纺织工业由大到强的转变。

一要统筹国际国内两个市场。积极扩大国内消费，开发新产品，开拓农村市场，促进产业用纺织品的应用。拓展多元化出口市场，稳定国际市场份额。

二要加强技术改造和自主品牌建设。在新增中央投资中设立专项，重点支持纺纱织造、印染、化纤等行业技术进步，推进高新技术纤维产业化，提高纺织装备自主化水平，培育具有国际影响力的自主知名品牌。

三要加快淘汰落后产能。制定和完善准入条件，淘汰能耗高、污染重等落后生产工艺和设备。对优势骨干企业兼并重组困难企业给予优惠支持。

四要优化区域布局。东部沿海地区要重点发展技术含量高、附加值高、资源消耗低的纺织产品。推动和引导纺织服装加工企业向中西部转移，建设新疆优质棉纱、棉布和棉纺织品生产基地。

五要加大财税金融支持。将纺织品服装出口退税率由14%提高至15%，对基本面较好但暂时出现经营和财务困难的企业给予信贷支持。加大中小纺织企业扶持力度，鼓励担保机构提供信用担保和融资服务，减轻纺织企业负担。中央、地方和企业都要加大棉花和厂丝收购力度。

（二）纺织业是我国的支柱产业

纺织业作为我国的传统产业，在国民经济的发展历程中发挥着很重要的作用。自20世纪80年代以来，纺织品服装一直是全国首位的出口商品，其进出口贸易的巨额顺差成为我国外汇收入和资金积累的重要渠道。我国的纺织业在世界市场上也占领极度重要的地位，作为世界最大的纺织生产国和贸易国，我国是影响全球纺织品服装贸易的重要力量。尤其是在参加WTO以后，一直困扰我国纺织品出口的配额问题得到解决，纺织业被誉为是"受益最大的行业"。

多年来中国纺织行业凭借出口产品总量齐全、品质优良、价格合理的竞争优势，得到了发达国家采购商和消费者的青睐。

在国务院常务会议审议并原则通过纺织工业调整振兴规划的第三天，中国纺织工业协会召开新闻发布会。中国纺织工业协会会长杜钰洲引用了规划中对纺织工业的三个重要界定：是国民经济传统支柱产业，重要的民生产业，也是国际竞争优势明显的产业。杜钰洲指出，这一明确的提法，彻底改变了过去在压顺差、防过热、防全面通货膨胀中形成的对纺织行业发展的不利影响，有助于纺织行业渡过眼前危机。同时，在相当长一段时间内，纺织行业在保增长、扩内需、调结构、保就业、保出口等方面将起到积极的推动作用。从长远来说，纺织行业还可以借此机会促进产业结构调整和产业提升。

对我国纺织产业来说，产业集群的持续健康发展具有重要的战略意义，已经成为影响行业持续、快速、健康发展的关键。可以说，纺织产业集群已经成长为我国纺织产业竞争力的重要军团。

为引导纺织产业集群的健康有序发展，中国纺织工业联合会从2002年开始在我国陆续开展纺织产业集群试点工作，第一批选择了38个县、镇。到2008年，先后有6批共145个纺织产业集中的县（市、区、镇）成为试点地区，并获得了中国纺织产业基地市、县或纺织产业特色名城、镇的称号。这些纺织产业集群分布在全国15个省区，主要以长江三角洲、珠江三角洲和环渤海三角洲三大经济圈为辐射中心，经济总量超过了全国纺织经济总量的40%，加上其他纺织产业集中的副省级、地市级区域，如深圳市、杭州市、宁波市、温州市、郑州市等，集群经济已占全国纺织经济的70%以上。在一些中西部省区的贫困地区，纺织产业集群成为当地发挥资源优势、脱贫致富的重要手段。

我国纺织产业集群大都以县、镇区域经济为主，以"一镇一品"、"一县一业"为重要特点，产业特色非常鲜明，配套相对完整，生产及公共配套成本较低，规模效益明显。产业集群以特色产品为依托，以生产企业、专业市场、品牌产品为核心共同打造区域特色。以家纺行业为例，截至目前，经中国纺织工业联合会评定，家纺行业共有以床品、布艺、绣品、毛巾、植绒、毯类等为特色产品的10余个产业集群。这些家纺产业集群多数集中在东南沿海乡镇地区，每个集群产值收入一般在100亿元以上，总体增长幅度高于行业平均水平。同时，由于产业集群内产业链配套逐渐完整，使集群内小企业的优势得到进一步发挥，形成了小企业大群体、小产品大产业的发展格局。服装、针织、毛纺、丝绸、麻纺、化纤、纺机各行业都有大批生机勃勃的产业集群，成为当代中国产业组织形式的特色。

四、纺织业中的主要行业

纺织业是世界各族人民长期创造性劳动积累的产物。世界三大文明发祥地对于发展纺织业都有突出的贡献。

狭义的纺织业是指用天然纤维和化学纤维加工成各种纱、丝、绳、织物及其色染制品的工业。而广义的纺织业，除包含狭义纺织业内容外，还包括服装工业及纺织衍生工业。

传统的纺织业是劳动密集型产业，在过去的半个世纪里，纺织业在中国既是传统产业，也是优势产业。现代纺织业则是技术、资金密集型产业。中国纺织行业自身经过多年的发展，竞争优势十分明显，具备世界上最完整的产业链，最高的加工配套水平，众多发达的产业集群地，应对市场风险的自我调节能力不断增强，给行业保持稳健的发展步伐提供了坚实的保障（图2-11）。

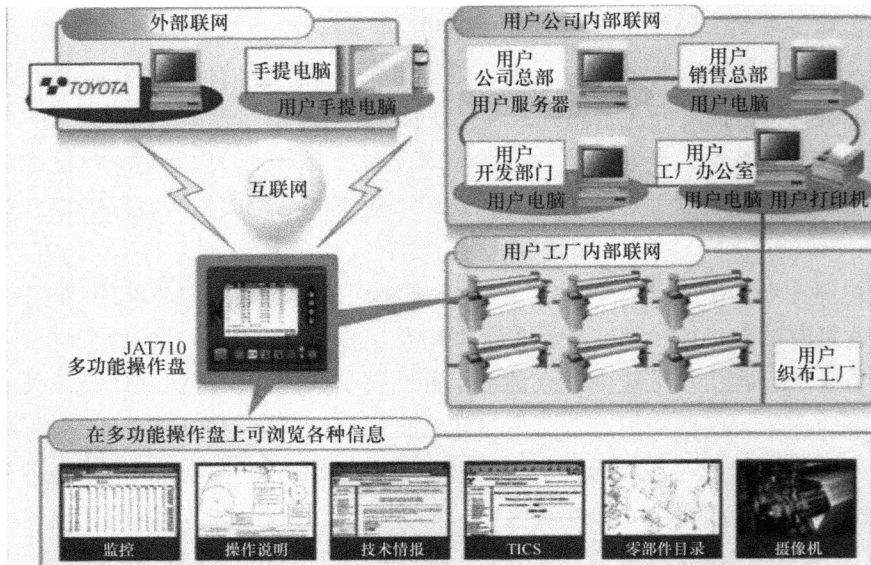

(a)

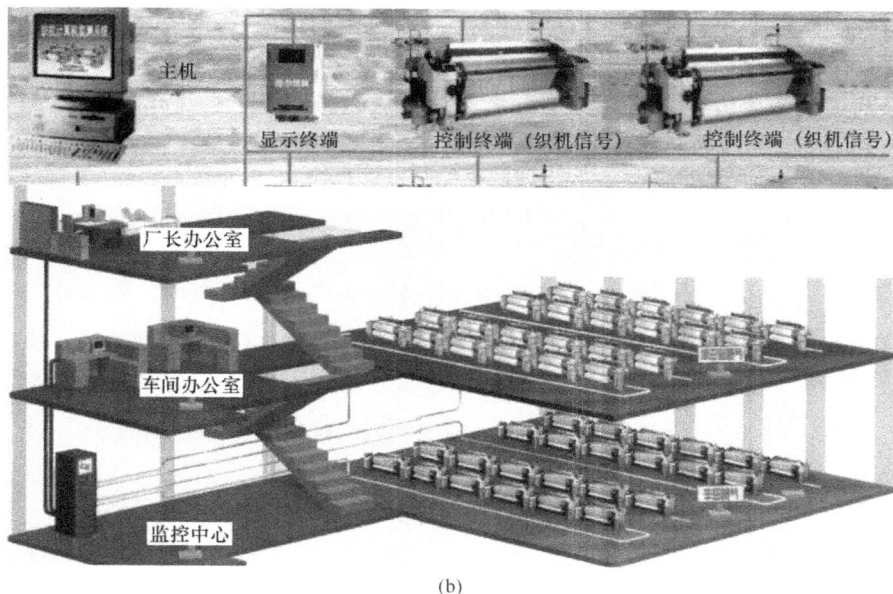

(b)

图2-11 现代纺织业示意图

（一）纺织业的行业划分

我国纺织业经过多年的奋斗发展，取得了辉煌的成就，先后在沿海及内地数十个省市建立了行业门类齐全的纺织产业集群，把我国的纺织业推进到一个前所未有的水平，不仅满足了13亿人民的穿衣和其他方面的需要，而且成为世界上第一个纺织品服装出口创汇大国，建成了多行业、多类别的纺织工业体系，如图2-12所示。

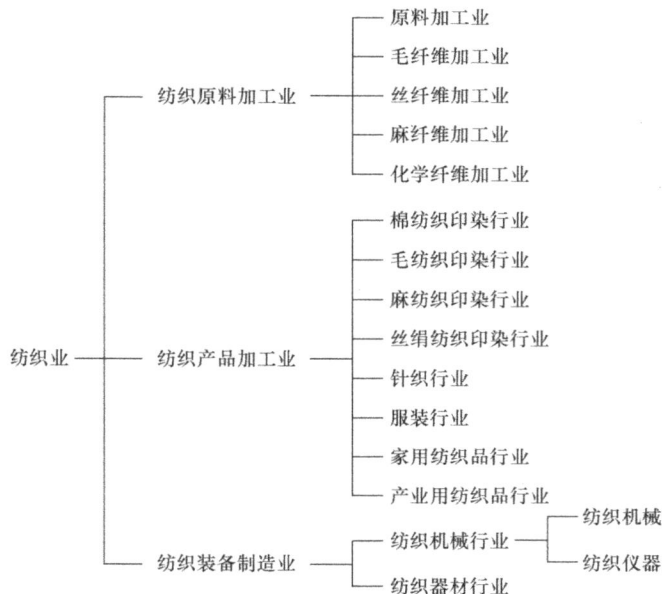

图2-12 纺织行业划分

（二）纺织原料加工业

1.纺织原料的分类

纺织品的原料主要分为以棉花为主的天然纤维、以涤纶为主的化学纤维以及以黏胶纤维为主的再生纤维等，具体如图2-13所示。

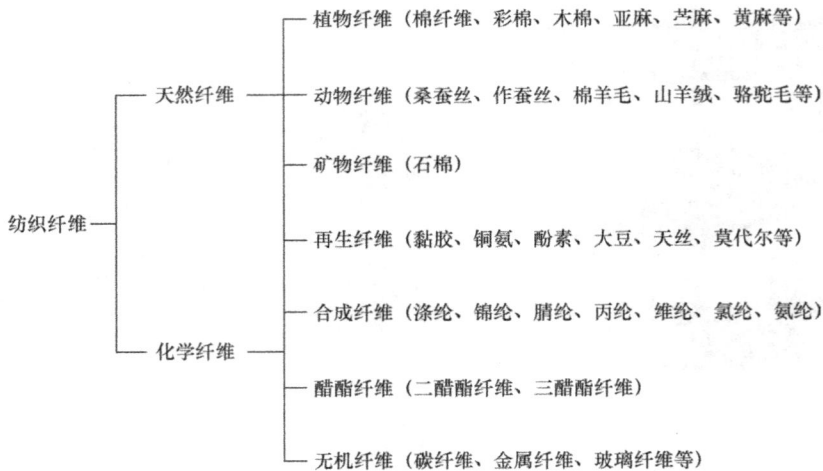

```
                     ┌─ 植物纤维（棉纤维、彩棉、木棉、亚麻、苎麻、黄麻等）
            ┌─ 天然纤维 ┼─ 动物纤维（桑蚕丝、柞蚕丝、棉羊毛、山羊绒、骆驼毛等）
            │         └─ 矿物纤维（石棉）
   纺织纤维 ─┤
            │         ┌─ 再生纤维（黏胶、铜氨、酚素、大豆、天丝、莫代尔等）
            │         ├─ 合成纤维（涤纶、锦纶、腈纶、丙纶、维纶、氯纶、氨纶）
            └─ 化学纤维 ┼─ 醋酯纤维（二醋酯纤维、三醋酯纤维）
                      └─ 无机纤维（碳纤维、金属纤维、玻璃纤维等）
```

图2-13　纺织纤维分类

从纤维产量来看（表2-1），中国在世界棉花、化纤等行业占据了举足轻重的地位。

表2-1　2011、2012年中国主要纤维产量

	2011年产量（万吨） 中国/世界	2012年产量（万吨） 中国/世界
棉花产量	660/2703.8	684/2544.5
化学纤维产量	3222.9/4866	3811.3/5203

2.天然纤维及其初步加工

（1）棉花及其初步加工。棉花是一年生植物。我国约四、五月间开始播种，播种一到两星期后就发芽，以后继续生长，发育很快，最后形成棉株。棉株上的花蕾约七、八月间陆续开花，开花期可延续一个月以上。花朵受精后就萎谢，花瓣脱落，结的果称为棉桃或棉铃。棉铃内分为3～5个室，每室内有5～9粒棉籽。棉铃由小到大，约45～65天成熟。这时，棉铃外壳变硬，裂开后棉絮外露，称为吐絮。吐絮后就可收摘籽棉。棉花的加工是从籽棉上轧下棉纤维的过程，也称轧花。被轧下的棉纤维称为原棉或皮棉，是纺织厂的重要原料（图2-14）。

但棉花自身发展由于受到土地资源、产量、天气状况等的限制，很难达到进一步的增长。而且一直以来棉花的生产、进口及价格都由国家政策主导，市场化程度较低。棉花市场价格波动如图2-15所示。

(a)开花期花蕾 　　　　　　　(b)棉铃

(c)摘棉花 　　　　　　　　(d)轧花

图2-14　棉花

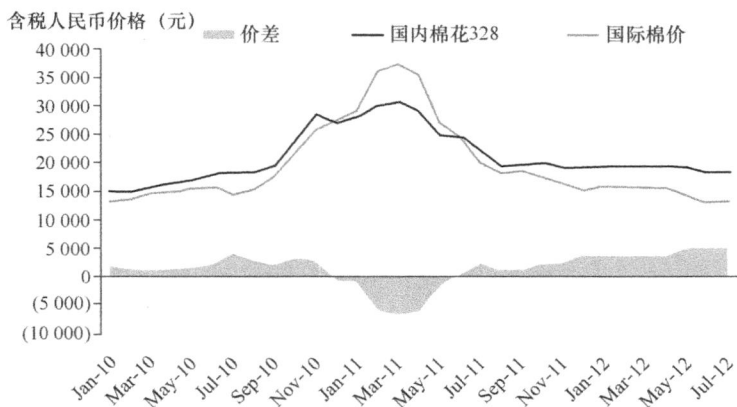

图2-15　2011～2012年国内外棉花市场价格波动

（资料来源：中国棉花协会，Cotlook A）

（2）麻及其初步加工。麻纤维是从各种麻类植物中取得的纤维的统称，包括一年生或多年生草本双子叶植物的韧皮（茎）纤维和单子叶植物的叶脉纤维。韧皮纤维是从一年生或多年生草本双子叶植物的韧皮层中取得的纤维，品种繁多，纺织加工中采用较多、经济价值较大的有苎麻、亚麻、黄麻、洋（槿）麻、大（汉）麻、苘麻（青麻）、罗布麻等。这类纤维质地柔软，适宜纺织加工，商业上称为"软质纤维"。从麻类植物中提取纤维的过程称为麻的初步加工，也称为"脱胶"，脱胶后的麻才能作为纺纱的原料（图2-16）。

(a)苎麻

阿里安

(b)亚麻

图2-16 麻

（3）毛绒及其初步加工。天然动物毛绒纤维来自自然界的动物毛发，按照动物的种类（图2-17）和纤维的特性，毛绒纤维可进行如下分类（图2-18）。

(a)绵羊　　　　　　　　(b)绒山羊　　　　　　　　(c)骆驼

(d)羊驼　　　　　　　　(e)长毛兔　　　　　　　　(f)牦牛

图2-17　几种毛绒类动物

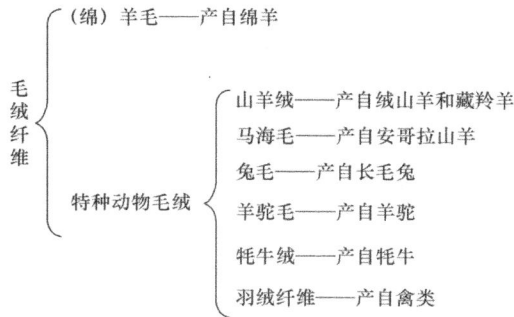

图2-18　毛纤维分类

毛绒纤维的初步加工一般包括分选、清洗等工序。羊毛的初步加工，包括选毛、开毛、洗毛、烘毛和炭化等工序。其主要任务是对不同质量的原毛先进行区分，再采用一系列机械与化学的方法，除去原毛中的各种杂质，使其成为符合毛纺生产要求的比较纯净的羊毛纤维。

（4）蚕丝及其加工。蚕丝纤维是蚕吐丝而得到的天然蛋白质纤维。蚕分家蚕和野蚕两大类：家蚕即桑蚕，结的茧是生丝的主要原料；野蚕有柞蚕、蓖麻蚕、木薯蚕等，其中柞蚕结的茧可以缫丝，其他野蚕茧不易缫丝，仅作为绢纺原料。

我国是蚕丝的发源地。近年来，对出土文物的考古研究表明，桑蚕丝在我国已有6000多年的历史。柞蚕丝也起源于我国，根据历史记载，已有3000多年的历史。远在汉唐时期，我国的丝绸就畅销于中亚和欧洲各国，在世界上享有盛名。

桑蚕丝（图2-19）的初步加工称为缫丝，是将蚕茧解舒后，从每个茧子上抽出茧丝，根据需要将一定数量的茧丝合并成一定规格的生丝供织绸使用。

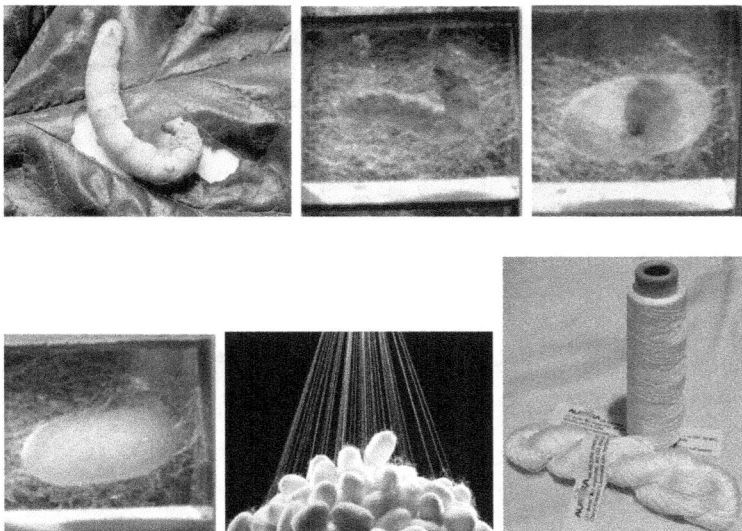

图2-19　桑蚕（丝）

3.化学纤维及其纺丝

（1）聚酯纤维。20世纪70年代，我国开始发展以石油为基础原料的合成纤维工业，先后建成四个大型化纤企业，聚酯涤纶工业由此起步。涤纶以其优异的性能和低成本成为化纤中重点发展的品种。20世纪80年代，国家成套引进大规模、大容量聚酯生产技术及采用技贸结合方式引进直纺涤纶短纤维生产技术，重点建设了一批具有一定规模的聚酯涤纶企业，并配套相关产业链。进入90年代以后，随着我国改革开放的不断深入和人民生活水平的不断提高，聚酯涤纶工业步入快速发展期，其中90年代中期以前，聚酯和涤纶仍处于短缺阶段，聚酯涤纶行业发展战略在于发展总量，扩大供给，满足人民群众穿衣的需求。

1998年以后，我国聚酯涤纶行业以高起点、低投入、大规模的后发优势实现了前所未有的高速发展。聚酯工业下游产业对聚酯产品需求的快速增长是拉动聚酯工业快速发展的主要原因。技术进步使聚酯、涤纶生产装置规模扩大，效率提高，投资降低，建设周期缩短，特别是国产化技术和装备的成功开发，大大降低了聚酯装置的单位产能投资成本，降低了行业进入门槛。同时，开放的市场，国有、外资和民营等多种类型竞争主体的参与，给聚酯工业带来了活力。近几年的聚酯产能变化如图2-20所示。

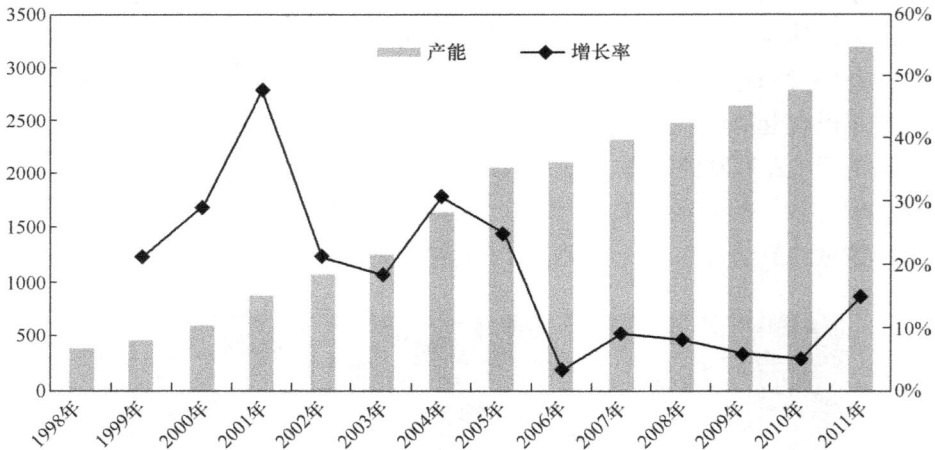

图2-20　聚酯产能变化

（资料来源：CCF）

（2）黏胶纤维。黏胶纤维是将天然纤维素经反应制成可溶于稀碱溶液的纤维素酯，然后凝聚再生纺制而成的一类再生纤维素纤维。它是人造纤维中历史最悠久、产量最大、品种繁多和应用广泛的大品种。黏胶纤维的基本化学组成与棉相同，吸湿性、染色性、透气性、纺织加工性等均与棉相似，做成的织物手感光滑、柔软、穿着舒服、染色后色泽鲜艳。

近年来，黏胶纤维（主要是黏胶短纤）的产能在下游需求的刺激下得到了飞速的发展，目前产能已占世界黏胶纤维产能的65%。其发展正在复制涤纶纤维发展的模式。黏胶纤维产能增长及预期如图2-21所示。

中国黏胶纤维产能增长情况

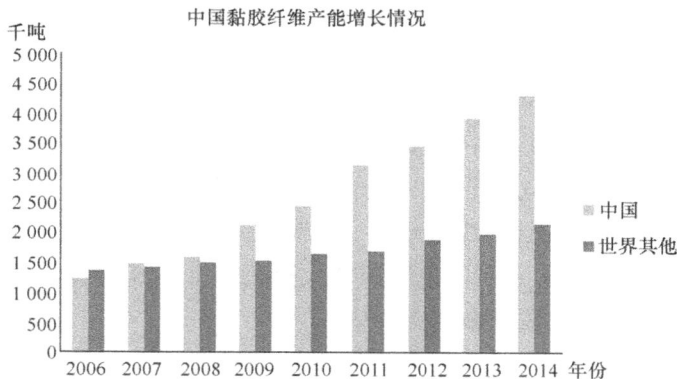

图2-21 近年来黏胶纤维产能增长及预期图

黏胶纤维的原料来源是天然纤维素，可取材于木材，棉短绒以及竹子、芦苇、麦秆、甘蔗渣等草类纤维，尤以前两者为主。木材中含纤维素较多，用作浆粕原料十分适宜。棉短绒是剥去皮棉后附在棉籽上的短绒，杂质含量较低，制浆工艺较简单，而且得率较高，但缺点是原料来源不稳定，生产过程污染严重。草类纤维中纤维素含量较低，灰分和多缩戊糖等杂质含量较高，一般较少使用。而竹子作为一种新型浆粕原料，在竹制黏胶纤维需求带动下，近年用量有所增加。

中国纺织行业的发展，离不开上游原材料的支持。稳定健康的原料市场，是保证中国纺织行业竞争力的基础。只有充分了解和利用纺织原料市场并不断提高自身竞争力，才能帮助纺织行业以及所有行业实现健康和可持续发展。

（三）纺织产品加工业

1.棉（棉型）纺织加工业

棉纺织即是将棉花、丝绸和化纤等棉型原材料利用手工或者机器将其织成一块完整的布。我国的棉纺织行业是中国纺织工业的基础性行业，所生产的是纺织工业中针织、印染、家纺、服装及产业用纺织品等行业的前道产品。棉纺织行业的持续稳定发展，可带动整个纺织工业竞争力的提高。棉纺织行业在我国国民经济发展历程中扮演着重要角色，其横跨农业和工业两大生产领域，涉及棉花生产、轧花、纺纱、织布、印染、成衣和终端消费等多个环节，是我国国民经济发展的支柱产业之一。从国内供给看，我国的棉花种植主要分布在长江、黄河两大流域以及新疆产区，其中新疆产区产量约占全国总产量的45%，黄河流域产区的产量占全国总产量的25%，长江流域约占10%。

中国作为世界棉纺织行业大国，在世界棉纺织行业有着很重要的地位。近年来，中国的棉纺织行业发展取得了很好的成绩。截至2011年，我国环锭纺、转杯纺和织机的数量分别达到1.2亿、232万头和126万台，纺纱生产能力更是达到了全球总产量的50%。

"十一五"期间，国家制定了棉纺织行业规划，给予棉纺织业很大的资金和资源投入，到"十一五"末，棉纺织90年代及国际水平的设备比重达到65%，劳动生产率提高到

55000元/人年，精梳纱比重达到30%，无卷化率达到50%，无梭布比重达到70%，无结头纱比重达到70%，万元产值耗电比2005年降低10%～15%。

（1）棉（棉型）纺织产品。棉纺纱线的品种很多，根据所用的原料不同，有纯棉纱线、纯化纤纱线和各种混纺纱线等；根据成纱方法不同，有环锭纺纱线、转杯纺纱线、喷气（涡流）纺纱线等；根据纺纱流程不同，有普梳纱线、精梳纱线。

棉（棉型）织物是指以棉纺纱线为原料，在棉型织机上织制成的各类机织物，分白织和色织两种方法，主要产品有本色布、色织布和大提花布（图2-22）。根据所用纤维原料不同，又有纯棉布、纯化纤布、混纺布、交织布。

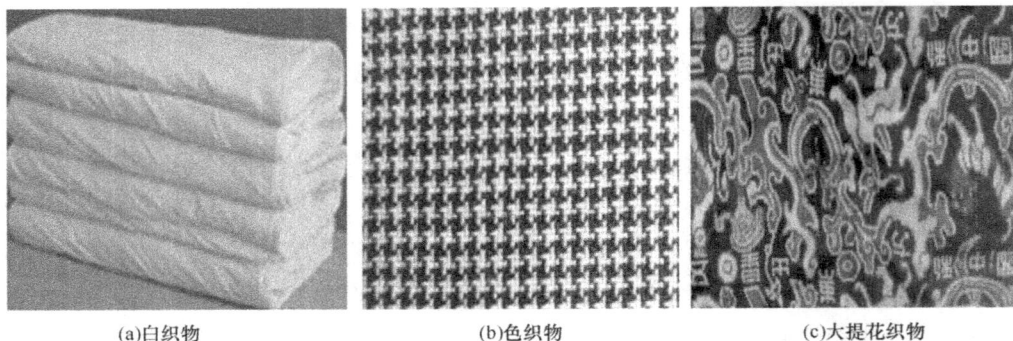

(a)白织物　　　　　　　(b)色织物　　　　　　　(c)大提花织物

图2-22　棉织物

（2）棉纺工艺流程与设备。根据原料品质和成纱质量要求，又分为普梳系统、精梳系统和化纤与棉混纺系统。

①环锭普梳纺纱系统——一般用于纺制粗、中特纱，供织造普通织物，其纺纱工艺流程如下：

（原料）选配→开清棉→梳棉→并条（二道）→粗纱→细纱→后加工

②环锭精梳纺纱系统——用以纺制高档棉纱、特种用纱或棉与化纤混纺纱、纯棉精梳纱的纺纱，工艺流程为：

（原料）选配→开清棉→梳棉→精梳前准备→精梳→并条（一或二）道→粗纱→细纱→后加工

③环锭精梳棉与化纤混纺系统——如涤纶（或其他化学纤维）与棉混纺，工艺流程为：

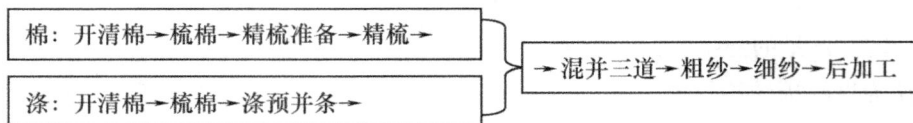

棉：开清棉→梳棉→精梳准备→精梳→
涤：开清棉→梳棉→涤预并条→
→混并三道→粗纱→细纱→后加工

④转杯或喷气（涡流）纺纱系统的工艺流程为：

（原料）选配→开清棉→梳棉→并条（二道）→转杯纺纱或喷气纺纱

（原料）选配→开清棉→梳棉→精梳前准备→精梳→并条（一或二）道→转杯纺纱或喷

气纺纱

棉纺各工序设备与任务见表2-2。

表2-2 棉纺各工序设备与任务

工序名称	设备	主要任务
开清棉	开清棉联合机组	对原料进行开松、除杂、混合,制成符合质量要求的棉卷或输出均匀棉流
梳棉	梳棉机	对棉卷或棉层进一步分梳、除杂、均匀混合,制成均匀的棉条
精梳前准备	并条机、条并卷联合机	将一定根数的棉条并合,经过适当的牵伸,制成均匀、结构良好棉卷,供精梳机喂入使用
精梳	精梳机	通过细致梳理,进一步伸直、分离纤维,清除杂质、短绒和疵点,制成均匀的精梳条子
并条	并条机	通过并合和牵伸作用,改善条子中纤维的结构状态,进一步混合纤维,为纺纱做准备
粗纱	粗纱机	通过牵伸、加捻和卷绕成型作用,将熟条制成结构良好、均匀的粗纱
细纱	细纱机	通过牵伸、加捻和卷绕成型作用,将粗纱制成符合质量要求的细纱
络筒	络筒机	将细纱管纱卷绕成一定大小的锥形筒子纱,并清除疵点,提高成品纱的品质
并纱	并纱机	根据线的加工要求,将多根单纱合并卷绕成并纱筒子,供捻线机使用
捻线	倍捻机	将并好的纱加上一定的捻度,制成股线
转杯纺	转杯纺纱机	将条子直接纺制成单纱
喷气(涡流)纺	喷气(涡流)纺纱机	将条子直接纺制成单纱

(3)棉(棉型)织物流程与设备。棉(棉型)织物品种有白织物、本色物和大提花织物(图2-22)。一般经过络筒、整经、浆纱、穿结经、织造、后整理等工序加工。

色织物生产工艺流程:

购纱→松式络筒→筒纱染色→络筒→整经→浆纱→穿结经→织造→整理

棉织各工序设备与任务见表2-3。

表2-3 棉织各工序设备与任务

工序名称	设备	主要任务
松式络筒	松式络筒机	将购回的纱线卷绕成松式筒子,便于筒纱染色时染液均匀渗透

工序名称	设备	主要任务
筒纱染色	筒子纱染色机	将松式卷绕的筒子，染成需要的颜色
络筒	络筒机	将染好颜色的松式筒子卷绕成卷绕密度较大的可供整经用的筒子
整经	分批整经机、分条整经机	将织物所需的总经根数分成若干批，分别卷绕在不同的经轴上
浆纱	浆纱机	将经轴上所有的经纱合并到一个织轴上，并通过浆纱机给经纱上浆，达到"增强、保伸、减摩、贴服毛羽"的作用，便于织造时开口清晰，减少经纱断头，确保正常生产
穿结经	穿经机、自动结经机	将织物所需的总经按照上机图的要求穿入各页综框及钢筘
织造	剑杆织机、喷气织机、喷水织机、片梭织机	经纱与纬纱按照织物组织的需要进行交织，形成织物

（4）代表性企业。棉纺织代表性企业见表2-4。

表2-4 棉纺织代表性企业

企业名称	主要产品	网址
魏桥纺织股份有限公司	棉纱、棉布	http://www.wqfz.com/
中国华芳集团	棉纱、棉布（色织）、毛纺面料、针织面料	http://www.hfang.com/
江苏大生集团	棉纱、棉布、毛纺产品	http://www.dasheng-group.com.cn/index.asp
无锡第一棉纺织厂	棉纱、棉布	http://www.talaktex.com/html/china/index.htm
悦达纺织集团	棉纱、棉布、功能纺织品	http://www.ydtextile.com/cn/index.asp
江苏联发纺织股份有限公司	棉纱、棉布（色织）、服装	http://www.lianfa.cn/
山东鲁泰纺织有限公司	棉纱、棉布（色织）、服装	http://www.lttc.com.cn/
雅戈尔集团	棉纱、棉布（色织）、毛纺面料、服装	http://www.youngor.com/
华浮色纺股份有限公司	棉色纺纱	http://www.huafuyarn.com/
百隆东方股份有限公司	棉色纺纱	http://www.bros.com.hk/cn/index.aspx

阅读材料：世界五大棉纺国竞争力现状分析

瑞士纺织机械协会主席巴赫曼对各棉纺织业主产国的棉纺业竞争力状况分析如下：

中国：棉纺织工业面临着国内高价的棉花原料、老化的设备亟待更新、竞争能力不强等问题。因此如何改变现在无结纱还不到50%、90%仍是有梭织机、整体工业无法和当今世界水平相比的现状，是中国棉纺织工业亟待研究和解决的课题。同时应看到，中国加入WTO带来巨大商机，韩国、日本、中国台湾的服装工业会向中国大陆转移，带来发达的技术、完善的销售渠道、高超的设计能力、熟练的技巧和工业环境，中国棉纺织工业将进一步强化。随着国内外资金流向纺织工业，加上产品的不断创新，生产技术的改善，中国棉纺织工业将赢得较强的竞争能力。

美国：纺织工业仍是国民经济主要部门，从业人员200万人，为美国创造500亿美元产值。美国人对棉织物的强力偏爱，使美国加工棉花总量持续15年保持增长。美国纺织工业通过新技术改造、降低了生产成本，现一半以上的气流纺生产能力是前十年安装的，棉纱100%为无结纱。美国现已将相当的生产能力转移到廉价劳动力的墨西哥，增加了竞争力。美国依靠一流的资本市场，丰富的棉花资源和发达的综合工业环境，有能力保持在本土市场的地位，并以其质量和品种扩大出口，以其先进的技术、一流的管理、高效的物流管理和不断创新，在纺织工业中堪称纺织强国。

印度：仅次于中国棉花锭数的国家，近两年进口了大批自动络筒机。印度纺织工业出口占全国出口总量1/3，比中国的20%还要多。30%～40%纱锭是近十年安装的新锭，雇用数百万员工；棉花产量稳定，棉花成为印度农民收入的主要来源之一。印度棉纱出口数量较大，但纺织工业整体出口仅100亿美元，比不上中国的出口总量，但其出口保持增长趋势。印度政府正采取措施，提供100亿美元资金投入，以提高纺织业的竞争力。

巴基斯坦：该国的主要工业是纺织工业，40%的产业工人分布在这个行业，出口占全国总量60%。由于国有企业的生产效率较低，目前该国的棉纺织工业全部为私有企业。为了出口棉纱，大量进口了自动络筒机，大大提高无结纱的比例。限于资金及出口渠道，巴基斯坦棉纺织工业在国际市场的竞争显得困难。

土耳其：纺织业占出口25%，11%的产业工人分布在这个行业，是欧盟的第二大纺织品供应国，仅次于中国。由于改善了棉纺织生产，已由过去的棉花出口国变为棉纺织品出口国。近十年来对原有纺织工业进行技术改造，50%的环锭纺纱和90%的气流纺都是1991年后安装的。由于国内消费有限，棉纺织工业过多依赖出口，在竞争力上由于设备现代化、与目标市场的交流以及生产效率上比中国占优，其定位略高于中国。

（资料来源：USDA，CCF，Fiber Organon）

2. 毛（毛型）纺织加工行业

毛纺织生产是以毛绒纤维和毛型化纤为原料，经过纺织加工制成毛纺织品。有粗毛纺织加工和精毛纺织加工两大类。

（1）毛纺织产品。毛纺织产品根据所有原料分为纯毛产品、纯化纤产品和毛与化纤或其他纤维混纺产品；根据加工工艺分有粗梳毛纺织产品和精梳毛纺织产品。毛织物代表性品种如图2-23所示。

（2）毛纺毛织工艺流程与设备。粗纺毛织工艺流程：

购买原料→散毛染色→和毛→梳毛→细纱→络筒→整经→穿结经→织造→后整理

粗毛纺织各工序设备与任务见表2-5。

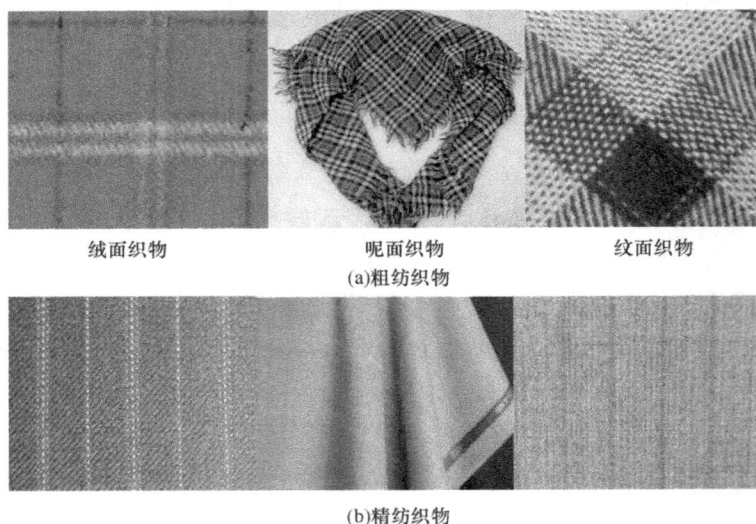

绒面织物　　　　　　　呢面织物　　　　　　　纹面织物
(a)粗纺织物

(b)精纺织物

图2-23　毛织物

表2-5　粗毛纺织各工序设备与任务

工序名称	设备	主要任务
散毛染色	散毛染色设备	将散纤维染成所需要的颜色
和毛	自动和毛机、和毛仓	将原料开松、混和均匀，并加入和毛油、硅油、抗静电剂等，以提高原料的可纺性能，并减少后道纤维梳理过程中的纤维损伤，提高制成率等
梳毛	粗纺梳毛机	将经过和毛的原料在梳毛机上经过充分开松梳理，使之成单纤维状并搓捻成规定重量的小毛条
细纱	粗纺环锭细纱机、走锭纺纱机	将梳毛机下来的小毛条在细纱机上进行牵伸、加捻，获得工艺要求的纱线
络筒	络筒机	将细纱卷绕成卷绕密度较大的可供整经用的筒子
整经	分条整经机、分批整经机	将织物所需的总经根数分成若干批，分别卷绕在不同的经轴上
穿结经	穿经机	根据织物上机的要求将全幅织物的经纱依次穿过停经片、综丝眼、钢筘
织造	剑杆织机、喷气织机	经纱与纬纱按照织物组织的需要进行交织，形成织物
后整理	验布机、缩绒机、拉毛机、定型机	根据工艺要求进行织物的后整理，获得所需的织物风格。工艺流程：坯布检验→生修→湿整中检→熟修→干整→成品检验→打包入库

精纺毛织工艺流程：

购买原料→条染复精梳→前纺→后纺→准备→织造→染整

精毛纺织各工序设备与任务见表2-6。

表2-6 精毛纺织各工序设备与任务

工序名称	设备	主要任务
条染复精梳	条染机、复洗机、烘干机、精梳机	将采购的原色毛条染成所需要的颜色、再经过精梳，制成精梳色毛条
混条	混条机	在配毛的基础上，将不同颜色和品种的毛条按照一定的比例在混条机上进行混合
针梳	针梳机	将混合条子经过3～5道牵伸、梳理、混合，使纤维伸直平行、均匀混合，制成符合纺纱要求的条子
粗纱	无捻粗纱机、有捻粗纱机	将针梳条子进一步拉细到规定的粗细、加上适当的捻度，制成粗纱，并卷绕成适当的卷装，便于细纱机的喂入
细纱	环锭细纱机	将粗纱经过牵伸、加捻和卷绕作用，制成符合要求的细纱
定捻	蒸纱机	通过蒸纱，稳定毛纱的捻回，便于后道加工
络筒	络筒机	将细纱管纱卷绕成一定大小的锥形筒子纱，并清除疵点，提高成品纱的品质；将蒸好的管纱卷绕成卷绕密度较大的可供整经用的筒子
并纱	并纱机	根据线的加工要求，将多根单纱合并卷绕成并纱筒子，供捻线机使用
捻线	倍捻机	将并好的纱加上一定的捻度，制成股线
整经	分条整经机、分批整经机	将织物所需的总经根数分成若干批，分别卷绕在不同的经轴上
穿结经	穿经机	根据织物上机的要求将全幅织物的经纱依次穿过停经片、综丝眼、钢筘
织造	剑杆织机	经纱与纬纱按照织物组织的需要进行交织，形成织物
后整理	验布机、缩绒机、定型机	根据工艺要求进行织物的后整理，获得所需的织物风格。工艺流程：坯布检验→生修→湿整→中检→熟修→干整→成品检验→打包入库

（3）代表性企业。毛纺织行业代表性企业见表2-7。

表2-7 毛纺织行业代表性企业

企业名称	主要产品	网址
中国华芳集团	棉纱、棉布（色织）、毛纺面料、针织面料	http://www.hfang.com/
阳光集团	毛纺面料、服装	http://www.china-sunshine.com/
海澜集团	毛纺面料、服装	http://www.heilan.com.cn/
悦达纺织集团	棉纱、棉布、功能纺织品	http://www.ydtextile.com/cn/index.asp
山东如意集团	毛纺面料、服装	http://www.chinaruyi.com/
雅戈尔集团	棉纱、棉布（色织）、毛纺面料、服装	http://www.youngor.com/

阅读材料：目前我国的纺织加工水平

（1）技术装备水平提高促进纺织品生产加工水平提升。棉纺自动化、连续化、高速化新技术的国产化攻关和大规模的推广应用提高了生产效率和产品质量，2009年棉纺行业精梳纱、无结头纱、无梭布、无卷化比重分别达到27.8%、65.4%、68.3%和46.8%，比2005年分别提高2.8、10.1、16.1和8.4个百分点。毛纺行业无结纱比例超过60%，大中型毛针织企业基本实现纱线无结化；精梳产品100%无梭化，粗梳产品80%无梭化，产品质量大幅提高，接近世界先进水平。桑蚕自动缫丝机的推广应用使生丝质量水平平均提高1.5个等级，应用比例由20%提高到85%。

（2）生产加工新技术推动了高档纱线的发展。紧密纺、喷气、涡流纺、嵌入纺等新技术的采用使纱线产品种类更加丰富，天然纤维纺纱支数大大提高，纱线质量显著提升。2009年，棉纺紧密纺生产能力达到443万锭，喷气、涡流纺达到5.9万头。嵌入式复合纺纱技术已在毛纺行业得到产业化应用，开发出了羊毛500公支的高支纱线，棉纺、麻纺行业正在进行产业化研究。半精梳毛纺加工技术取得突破，2009年生产能力达到100万锭，比2005年增加了70万锭。特种动物纤维绒毛分梳及改性加工技术达到世界领先水平，已在25%左右的羊绒分梳企业得到应用。

（3）织造、染整工艺技术进步提高了纺织面料的质量和功能化水平。"十一五"期间，纺织行业面料加工技术上了一个新台阶。新型电子提花装置的大量应用、经纬编新型面料的开发、多种纤维的混纺交织以及织物结构的创新大大丰富了纺织面料的品种，我国棉纺、毛纺、针织面料及一批化纤面料已经达到或接近国际先进水平。印染行业自主研发了活性染料冷轧堆前处理及染色、数码印花、涂料印花等一批印染新技术，大量采用了电子分色制版、自动调浆、在线检测等先进电子信息技术，大大提高了面料质量的稳定性和附加值。面料后整理由抗菌、抗皱等单一功能的整理发展为提高织物附加值而进行的多功能整理，应用也越来越广泛，突破了服装、家纺等传统消费品领域，逐渐拓展至电子、航空、建筑等产业用领域。目前，我国纺织行业面料自给率达到95%以上，与2000年相比较，面料出口额年均增速超过10%。

3.针织行业

针织是利用织针把各种原料和品种的纱线构成线圈、再经串套连接成针织物的工艺过程。

（1）针织产品。针织物质地松软，有良好的抗皱性和透气性，并有较大的延伸性和弹性，穿着舒适，深受消费者的喜爱。针织分手工针织和机器针织两大类。根据工艺不同，针织生产分纬编针织和经编针织两大类，形成了纬编针织物和经编针织物两大类产品（图2-24）。

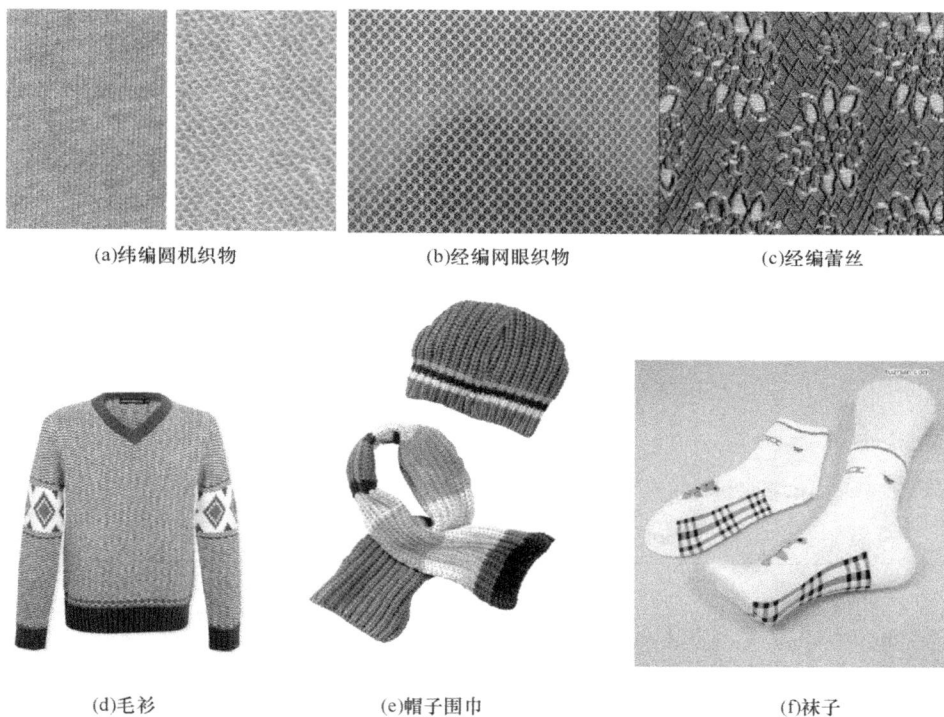

(a)纬编圆机织物　　　(b)经编网眼织物　　　(c)经编蕾丝

(d)毛衫　　　　　　(e)帽子围巾　　　　　(f)袜子

图2-24　典型针织产品

棉、化纤针织品及编织品制造：包括棉及棉型化纤针织坯布；棉针织大衣、西服套装、套裙、上衣等针织面料服装；棉毛类衫裤（各类针织棉毛内、外衣、T恤衫、棉毛长、短裤和棉毛背心等）；绒布类衫裤（各类针织绒布内外衣、T恤衫、绒布长、短裤和绒布背心等）；单面布类衫裤（各类针织单面布汗衫、T恤衫、长短裤和背心、三角裤等）；乳罩、紧身衣裤、连裤袜，长筒袜、短袜、手套等；经针织工艺加工制作的窗帘、台布、网眼蚊帐、棉及棉型化纤各种男、女、童、婴用的帽子。

毛针织品及编织品制造：包括纯毛（指纯羊毛、羊绒、驼绒、兔毛等）、混纺或毛型化纤针织大衣、套装、针织衫、裤、背心等；毛连裤袜、长筒袜及短袜等；针织或钩针编织的毛线手套、毛围巾、毛方巾、毛披肩、毛线帽等。

丝针织品及编织品制造：包括丝针织衫裤、内衣内裤、背心、乳罩、丝针织睡衣、睡袍等（既包括天然丝也包括化纤长丝）。

其他针织品及编织品制造：包括上述未列明的其他针织品及编织品的制造（苎麻针织大衣、西服套装、西服套裙、上衣等麻针织面料服装、衫裤、亚麻针织衫裤、苎亚麻背心、袜子等）。

（2）针织工艺流程与设备。

圆纬机生产流程：

纱线进厂→络纱→编织→毛坯检验、称重、打印→半成品入库→染整、定型→光坯检验→配料复核及对色检验→裁剪、成衣→成品检验→包装入库

经编机生产流程：

纱线进厂→检验→整经→编织→毛坯检验、称重→半成品入库→染整、定型→成品布检验→打卷、称重、包装→成品入库

毛衫生产工艺流程：

原料进厂→原料检验→准备工序（络纱）→编织工序→半成品检验→成衣工艺（缝合、修饰、整理）→特种整理→检验→熨烫定型→复测→整理→分等→包装→入库→成品出厂→反馈信息

主要设备有络筒机、单面纬编圆机、双面纬编圆机、提花圆机、经编机、横机、袜机等。

4.代表性企业

针织行业代表性企业见表2-8。

表2-8　代表性针织企业

企业名称	主要产品	网址
福田实业（集团）有限公司	纬编圆机针织面料	http://www.fshl.com/html_sm/about08a4.html
江苏旷达汽车织物集团股份有限公司	汽车用面料	http://www.kuangdacn.com/aboutus_1.asp
浪莎集团	袜子、纬编圆机针织面料	http://www.langsha.com/
江苏坤风纺织品有限公司	纬编圆机针织面料	http://www.jskf.cn/

5.家用纺织品行业

家用纺织品又叫装饰用纺织品，与服装用纺织品、产业用纺织品共同构成纺织业。作为纺织品中重要的一个类别，家用纺织产品在居室装饰配套中被称为"软装饰"，它在营造与环境转换中有着决定性的作用。它就从传统的满足铺铺盖盖、遮遮掩掩、洗洗涮涮的日常生活需求一路走过来，如今的家纺行业已经具备了时尚、个性、保健等多功能的消费风格，家用纺织品这个纺织行业在家居装饰和空间装饰正逐渐成为市场新宠。狭义的家用纺织品指室内环境中主要是家居环境中的日常生活用或装饰用纺织品，如床单、被褥、毛巾、窗帘、地毯、墙布、挂毯等。广义的家用纺织品包括由纱线、织物等材料加工制成的，可直接使用

于各类室内场所（家居、宾馆、饭店、医院、办公室、会议厅等）、室外场所（游泳池、广场、草地等）以及交通工具（飞机、汽车、火车等）内的除服装和产业用纺织品以外的所有纺织制品。

（1）常见家纺产品如图2-25所示。

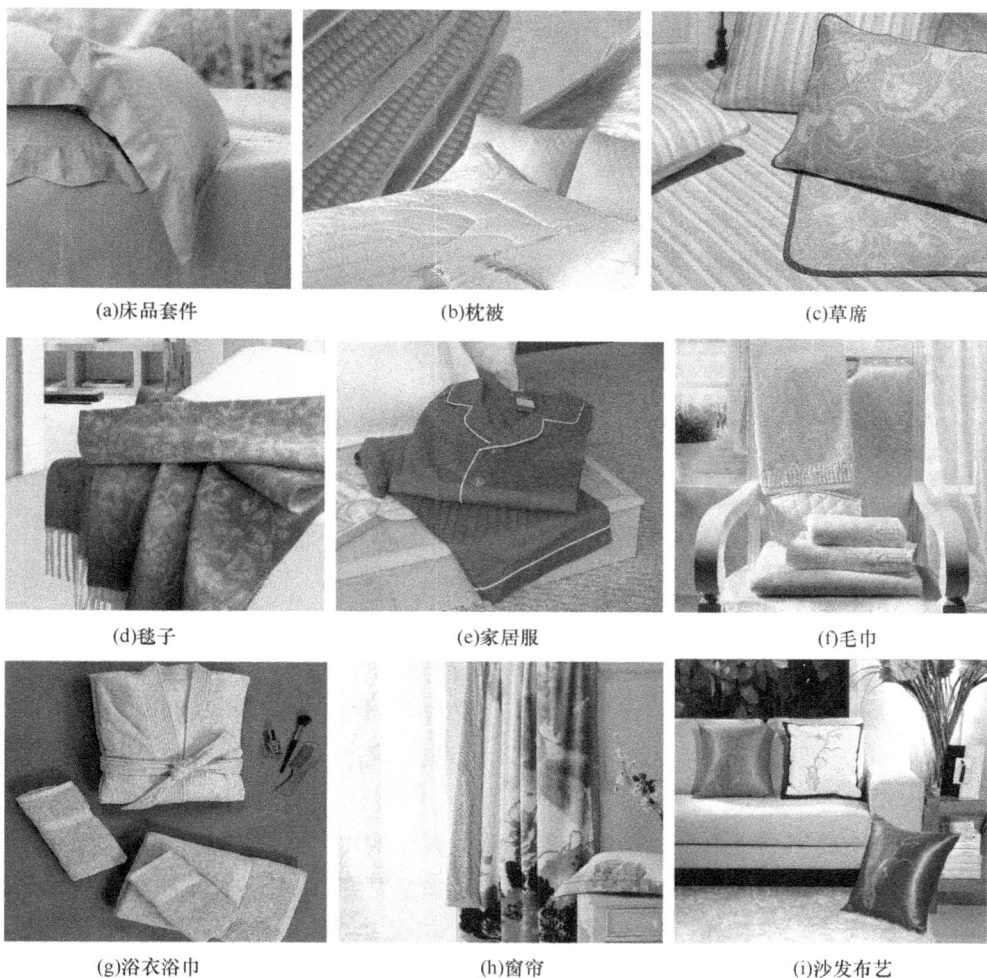

(a)床品套件　　　　　　　(b)枕被　　　　　　　　(c)草席

(d)毯子　　　　　　　　(e)家居服　　　　　　　(f)毛巾

(g)浴衣浴巾　　　　　　　(h)窗帘　　　　　　　　(i)沙发布艺

图2-25　常见家纺产品

（2）家纺产品一般制作流程。家纺产品的一般制作流程包括设计、主辅料采购、裁剪、缝制、检验、整烫包装等（图2-26）。

①设计：家纺产品的设计一般采用整体配套设计，具体包括色彩设计、纹样设计、原材质设计、款式设计、风格情调设计等。

整体配套设计即在统一的设计理念指导下，将家纺产品形成某种既定风格的艺术表达形式。从设计内容上来看，家纺产品整体设计有广义和狭义两个层面。广义的配套设计主要是

| (a)设计 | (b)检验 | (c)裁剪 |
| (c)裁缝制 | (e)检验 | (f)整烫包装 |

图2-26 家纺产品生产流程

者室内陈设所有纺织品之间的配套设计。而狭义的配套设计，主要是指某一区域或者功能之间的纺织品配套设计，如公共环境中的纺织品配套、客厅纺织品配套、卫浴纺织品配套、餐厅纺织品配套、宾馆客房纺织品配套和卧室纺织品配套。

②主辅料采购与检验：家纺产品的主料一般为纺织面料，如色布、印花布、色织布、提花布等；辅料则种类繁多，如填充料、缝纫线、拉链、花边、纽扣、彩页、PU等。根据设计要求，采购需要的主辅料并检验其品质。

③裁剪：家纺面料在裁床上根据设计要求被裁剪成裁片，以便后道工序缝制。

④缝制：家纺产品的缝制有两种方法，一是手缝，手缝工艺是在服装缝制过程中常用的工艺之一，在家纺上经常使用，熟手缝采用的主要工具是手缝针和顶针箍。另一种方法是机缝，机缝有很多种方法，如平缝、搭接缝、来去缝、内包缝、卷边缝等。

⑤检验：家纺产品的检验分为生产质量检验和成品检验。生产质量检验是指来料入库到成品生产完成之间所进行的质量检验活动。其检验目的是尽早发现不合格产品，并在其尚未发生之前采取有效的预防措施，防止不合格产品的产生及不合格品流入下一道工序。成品检验是对全部加工活动结束后的成品进行的检验，可以是全检验，也可以是抽样检验，具体视产品特点及工序检验情况而定。

⑥整烫包装：整烫包装则是对检验合格的成品，用熨斗或整烫定型机进行外面整理，并结合产品特点折叠成一定的形式以便包装操作。

（3）代表性企业。国内代表性家纺企业见表2-9。

表2-9　代表性家纺企业

企业名称	主要产品	网址
上海罗莱家用纺织品有限公司	床上用品	http://www.luolai.com/
深圳市富安娜家居用品股份有限公司	床上用品	www.fuanna.com.cn/
湖南梦洁家纺股份有限公司	床上用品	http://mj.mendale.com.cn/mendale/Home
宁波博洋家纺有限公司	床上用品	http://www.beyond.cn/
黛富妮家饰用品有限公司	床上用品	http://www.daifuni.com/
南方寝室	床上用品	www.southbedding.com/
紫罗兰家纺股份有限公司	床上用品	http://www.violet.com.cn/
南通居梦莱家用纺织品有限公司	床上用品	http://www.dreamla.com/
意大利喜丹奴（国际）家纺科技有限公司	床上用品	http://www.xidannu.com/
蓝丝羽家用纺织品有限公司	床上用品	www.lansiu.com
上海伊人岛纺织品有限公司	床上用品	http://www.sheland.com.cn
江苏金太阳集团	布艺	http://www.goldsun.cn/
南通嘉宇斯纺织集团有限公司	布艺	http://www.jiayusi.com/index_jr.asp
上海诺爱家纺布艺有限公司	布艺	http://www.madival.com/
山东孚日家纺	毛巾	http://www.sunvim.com/web/sunvim.asp
浙江双灯家纺有限公司	毛巾	http://www.twin-lantern.cn/
保定腾飞毛巾家纺品业有限公司	毛巾	http://www.bdtengfei.com
长沙菲菲家纺有限责任公司	毛巾	http://www.feifeitowel.com/
广东美居乐家纺用品有限公司	窗帘	http://www.majorhome.cn/
广东欧尚窗帘厂	窗帘	http://www.ashe.com.cn/
浙江金蝉家纺有限公司	窗帘	http://www.jinchanwarp.com/

6.其他行业

（1）麻纺织行业。麻纺织包括苎麻纱、苎麻纱线、苎麻布（含土纺夏布、苎麻帆布、苎麻色织布等）、苎麻混纺交织布；麻下脚料纤维的加工、亚麻纱、亚麻纱线、亚麻布（含亚麻帆布、亚麻色织布等）、亚麻混纺交织布；大麻及其他麻纱、线、麻布。

（2）丝、绢纺织及精加工行业。

①缫丝加工：包括桑蚕丝（含白厂丝、双宫丝、桑柞混缫丝等）；柞蚕丝；绢纺丝（含桑绢丝、柞绢丝、混纺绢丝等）；丝（含桑蚕丝、柞蚕丝等）。

②绢纺和丝织加工：包括桑蚕丝及其交织品［含纯桑蚕丝织品（真丝绸）、桑蚕丝交织品］；柞蚕丝及其交织品；绢（纺）丝及其交织品；人造丝（黏胶长丝）及其交织品；合纤丝（合成纤维长丝）及其交织品；丝线（含丝缝纫线）。

（3）非织造布行业：非织造布（也称无纺布）指以化学纤维为基本原料（主要是涤

纶、腈纶、维纶、丙纶、黏胶纤维，也可用棉、毛、麻天然纤维的下脚料或再生纤维以及高科技用的碳素纤维、硼素纤维等）经化学黏合、热熔黏合、针刺、水刺、缝编等工艺制成。产品有树脂棉、黏合衬、医疗卫生材料、建筑工地织物、过滤材料、家具及装饰材料、农业用布、合成革基布及其他产业用材料等。

（四）纺织装备制造业

纺织装备制造业主要涵盖纺织机械和纺织器材两个行业，为纺织品加工业提供必需的纺织设备、检测仪器和纺织器材。

人类用传统方法纺纱织布已有6000多年的历史。至今根据传统原理设计的纺纱织布机器，仍是世界纺织工业的主要设备。但是20世纪50年代以来，已经创造出一些新的工艺方法，部分地取代了传统方法，以高得多的效率生产纺织物，如转杯纺纱、无纺织布等。新的工艺方法孕育着新的纺织设备，新的纺织设备成熟与推广，又促使纺织工业进一步向前发展。

近年来，纺织机械制造技术水平不断提高，纺织机械产品机电一体化已向深层次的智能化、模块化、网络化、系统化方向发展，节能技术在纺织单机和成套装备中推广应用，节能、降耗、减排的新理念在印染和化纤机械设计中得到贯彻，依托循环经济理念推出了适用于废旧纤维纺纱、瓶级切片纺丝和非织造布等新装备。采用先进制造工艺技术、先进刀具、辅具，建立装配流水线，提高装配精度，加强制造过程中的检验和检测，随时监控产品质量。计算机技术逐渐在铸造、热处理、表面处理和装配等方面应用，极大地缩短了理论应用于实际生产的时间，提高了产品质量。

随着自主创新能力提高和加工制造技术进步，我国纺机行业的市场竞争力显著提升。2010年，国产纺机的国内市场占有率超过70%，主要产品中，棉纺细纱机、粗纱机等产品的国内市场占有率超过90%，中、高档剑杆织机国内市场占有率超过60%，自动络筒机超过25%，国产纺机出口规模也持续扩大。

（五）纺织各行业的技术进步

1.原料行业

阅读材料：纺织工业"十二五"发展纲要关于纤维原料的重点任务

研发重点：

加快超仿真、功能性、差别化纤维、生物质纤维、高性能纤维的产业化研发，使我国纤维材料技术跻身世界发达国家行列，高性能纤维重点品种全面实现产业化大生产，初步满足国防工业和民用高端领域基本要求。提高天然纤维培育种植科技水平，优化天然纤维品质和品种。

超仿真纤维重点发展仿棉涤纶和仿毛纤维，通过分子结构改性、共混、异型、超细、复合等技术，提高纤维综合性能，超越天然纤维的可纺性、可染性、舒适性和阻燃性。到2015年，超仿真仿棉纤维达到800万吨左右。

生物质纤维重点突破新型溶剂法、离子液体法、熔融法等纤维素纤维产业化关键技术和装备，实现产业化生产，其中新型溶剂法纤维素纤维到2015年建成万吨级产能。突破聚乳酸纤维、生物质多元醇生物法合成技术等生物合成材料类纤维产业化技术，到2015年建成万吨级聚乳酸纤维国产装置，生物法技术实现产业化生产。突破壳聚糖原料纯化和纺丝工艺优化，开发下游制品，到2015年建成千吨壳聚糖纤维产能。

高性能纤维中，T300级碳纤维突破原丝、碳化装备和上浆剂等关键技术，到2015年达到万吨级技术；芳纶1313加快高端产业链开发和市场应用拓展，突破万吨产业化；聚苯硫醚实现纤维级切片和长丝产业化；玄武岩纤维突破熔融拉丝组合炉和浸润剂关键技术；超高分子量聚乙烯解决蠕变性能，优化湿法工艺，实现干法工艺产业化。T400、T700、M40级碳纤维，芳纶1414，芳纶III，耐高温聚酰亚胺等完成产业化研发。

发展聚酯多元化产品及技术装备，到2015年PTT树脂聚合实现产业化，生物可降解共聚酯PBST及纤维实现千吨级产业化生产，使聚酯涤纶行业综合竞争实力达到国际领先水平。

天然纤维重点进行棉花、麻类作物良种培育，加强良种推广，建立优质品种种植基地。进一步突破麻纤维机械脱胶和生物脱胶技术、开发生物酶及配套装备，提高脱胶效率和技术稳定性，从而改善麻纤维制品的服用舒适性和时尚性。

推广重点：

推广"十一五"期间已经完成产业化研发、技术成熟的PTT纤维、竹浆纤维、麻纤维等新型纤维加工技术，加强产业链开发和终端产品的系列化、品牌化发展，到2015年形成PTT纤维产能5万～10万吨，竹浆纤维产能10万～20万吨。

推广新型国产化化纤生产技术和装备，降低投资成本，减少物料和能源消耗，提高产品质量和生产效率，到2015年实现国内新上百万吨级PTA装置和大型黏胶装置全部采用国产化技术和装备。

2.纺纱、织造行业

阅读材料：纺织工业"十二五"发展纲要关于纺纱、织造的重点任务

研发重点：

突破嵌入式纺纱技术在棉、麻纺行业深度加工的工艺技术，到2015年在主要棉纺、麻纺企业进行产业化应用。研究多组分纤维复合混纺技术和新结构纱线加工技术，使其应用比例达到15%，差异性多功能纤维种类达到5种以上的产品规模化生产。研究纺纱过程质量控制技术、织物自动检测和分析技术，提高产品质量和生产效率。发展成型编织、短纤维经编技术等针织新技术，到2015年实现成型编织功能性服装达到年产1亿件规模，超薄超细高档针织面料年产1万吨，优质高档、功能性的短纤维经编面料生产规模达到100台经编机。开发羊绒、芒麻、丝等我国独特资源的纺织加工技术，实现纺织产品的多样化和高档化，到2015年实现纺织产品附加值提高10%。

推广重点：

棉纺行业重点推广"十一五"期间取得技术突破的紧密纺、低扭矩环锭纺、喷气、涡流纺等新型纺纱技术，丰富纱线品种和品质。推广自动络筒技术，到2015年棉纺行业无结纱比

重达到70%以上。推广无PVA上浆、预湿上浆等新型上浆工艺技术,其中无PVA上浆工艺推广到行业大中型企业的85%以上。

毛纺行业重点推广复合纺、赛络纺、嵌入纺等新型毛纺技术,到2015年推广面达到60%以上,半精纺毛纺加工技术的应用规模达到120万锭。全面推广羊毛羊绒80℃低温染色技术及新型小浴比(1∶10及以下)高效节能染色技术,合理推广应用大容量自动化绞纱染色机、筒子染色机等,扩大印花技术在毛纺中的应用。

麻纺行业重点推广苎麻减量脱胶、快速脱胶等环保脱胶技术,到2015年推广到全行业的25%,每年约可节约标煤约10%,减少废水排放15%。

丝绸行业推广高效智能自动缫丝机、绢纺新工艺及其成套设备、无梭织机等关键技术装备,到2015年桑/柞蚕茧自动缫丝机应用比例达到90%以上,真丝织造无梭织机比重达到30%以上。

针织行业推广应用差别化与功能性纤维开发针织产品,增加产品品种,提高产品附加值。

3.纺织机械行业

阅读材料:纺织工业"十二五"发展纲要关于纺织机械的重点任务

研发重点:

纺纱设备重点研发全自动转杯纺纱机,喷气、涡流纺纱机,在"十二五"期间形成一定数量的市场销售;进一步解决粗细联、细络联系统的控制精度、稳定性问题,加快产业化推广,到2015年实现国产细络联合机国内市场占有率由目前的10%提高到30%,粗细联合机实现每年80台左右的销售。

织造设备重点发展新型模块化无梭织机、高速毛巾织机等差异化织机、特种织机,到2015年完成产业化研发,并形成一定数量的市场销售;加快圆机、经编机、袜机、横机等针织机械的国产化进程。

新型非织造设备重点发展聚乳酸纺黏法非织造布生产线、聚苯硫醚熔喷设备、双组分纺黏水刺裂解法生产线等,到2015年进入产业化阶段。

染整装备重点推进新一代多功能、智能化的在线检测与控制系统研发和产业化应用,形成多车间级和工厂级的综合信息管理控制系统;进一步研究高效节能环保的机织物印染设备、针织物连续练漂水洗设备及产业化技术,到2015年基本实现产业化。

在"十一五"成果基础上,进一步研究喷气织机节气技术、化学剂浓度在线检测与配送系统、定形机热能实时监控系统等节能减排技术与设备,"十二五"期间实现产业化应用。

研究全自动高速卷绕头、高频加热的热牵伸辊、高精度纺丝计量泵、高速锭子、针织用针等纺织机械关键配套件,解决关键技术,到2015年实现国内市场占有率达到30%。发展国产高性能纺机专件,提高我国纺织加工装备行业的生产技术水平,优化纺机专件产业的产品结构。

推广重点:

新型纤维装备重点推广日产200吨大容量短纤维成套设备、黏胶长丝连续纺丝机,到

2015年，形成工业化生产；推广改性聚酯、差别化长短丝纺丝及后加工成套设备，提高差别化比重，长丝纺丝及后加工设备的差别化比重达到50%，短纤生产设备的差别化比重达到30%，改性聚酯比重达30%。

纺纱设备重点推广清梳联设备、自动络筒机、集聚（紧密）环锭细纱机等，到2015年，国产清梳联设备占清梳联设备总量达到85%，国产自动络筒机占有率达到70%，集聚（紧密）环锭细纱机市场占有率成为主流，市场占有率达到90%。

织造设备重点推广机电一体化喷气织机、剑杆织机、电脑横机等，到2015年高档无梭织机自主化率达到25%～35%，电脑横机、经编机等针织设备国内市场占有率达到60%。非织造设备重点推广纺粘、熔喷、复合、水刺等非织造布设备，扩大市场应用比例。

染整设备重点推广印染工艺参数在线检测系统、机织物连续前处理设备和连续染色设备、新型低浴比间歇式染色机、自动化程度高的新型印花设备等，提高生产效率，实现蒸汽、水等资源能源的大量节约。

推广大容量短纤切断机、卷曲机、高性能宽幅铝合金综框等关键配套件，替代进口产品，降低用户投资成本，提高制造水平。

4.服装及家用纺织品行业

阅读材料：纺织工业"十二五"发展纲要关于服装及家用纺织品的重点任务

研发重点：

加强服装企业信息化集成制造系统、大规模定制技术的开发和应用，加快高档服装原辅材料和制造技术的研发及产业化应用。到2015年，实现数字化综合集成技术达到产业化标准，服装大规模定制技术达到示范应用标准。实现我国高档非黏合覆衬西服工业化生产，填补国内空白并实现产业化。

推广重点：

推广服装企业自动化、数字化、信息化生产工艺技术，到2015年实现服装CAD普及率达到30%以上，CAM普及率达到15%以上，RFID普及率达到20%。推广绿色环保家纺新产品加工技术，弱捻纱巾被产品、一浴多色节能环保毛巾技术的推广面到2015年达到30%。发展家纺专用原料加工应用技术，如各种超仿真、功能性和生物质纤维材料在家纺行业的应用技术等。

5.产业用纺织品行业

阅读材料：纺织工业"十二五"发展纲要关于产业用纺织品的重点任务

研发重点：

突破高性能、高档土工合成材料、医疗卫生用、过滤用、交通工具用、安全防护用等产业用纺织品加工技术的产业化研发，掌握一批自主原创的核心技术。医疗卫生用纺织品重点解决高效薄型阻隔材料、医用抗菌敷料的加工技术，解决可吸收纤维以及制品的加工技术。过滤用纺织品重点突破双组分纤维的熔喷非织造布系列产品的开发，耐高温、耐酸碱、高效过滤产品的制备和加工技术，高性能中空纤维液体分离膜材料制备的关键技术等。土工合成材料重点发展7m以上宽幅高强土工布与土工格栅，高强丙纶长、短丝定伸长针刺非织造土工布，聚酯长丝非织造油毡基布。交通工具、建筑及合成革用纺织品重点突破安全气囊面料、内饰黏合剂、隔热绝缘材料、摩擦材料等关键技术，实现膜结构及新型篷盖材料加工技术的突破和产业化应用，生态革和超细纤维人造革加工技术的产业化应用。安全防护用纺织品加工技术重点研发防弹防刺面料，耐高温、防火阻燃面料，墙体防裂、保温、隔音、阻燃面料等。

加大非织造成型工艺技术、织造成型技术、功能性后整理技术、复合加工技术等共性关键技术攻关力度，提高行业的加工制造水平，到2015年实现主要高速梳理等非织造成型工艺技术、复合加工技术在行业中应用比例达到30%，功能性后整理技术基本满足产品开发需求，重磅宽幅高速织造技术落实产业化攻关项目。

推广重点：

推广市场空间广阔、与现阶段国民经济发展密切相关的产业用纺织制成品加工技术，包括节水灌溉材料等农用纺织品、一次性手术衣等医疗用纺织品、婴儿尿布等卫生用纺织品、汽车隔热绝缘材料等车用纺织品、内墙保温隔音材料等建筑用纺织品等，促进产业用纺织品在国民经济各相关领域中扩大应用，推动产业用纺织品行业的调整升级。到2015年农业用、医疗与卫生用、建筑用纺织产品在应用领域内的推广使用比例分别达到20%、40%和40%。

通过关键技术攻关和先进适用技术推广，使产业用纺织品成为纺织行业新的经济增长点，到2015年产量达到1200万吨以上。

五、纺织生产领域的工作条件

工作条件是指在劳动合同中约定的用人单位对劳动者所从事的劳动必须提供的生产、工作条件和劳动安全卫生保护措施，即用人单位保证劳动者完成劳动任务和劳动过程中安全健康保护的基本要求。它包括劳动者为了完成工作任务所必需的仪器、设备、工具以及企业按照国家规定，为劳动者提供的安全、卫生、健康等保护。

以下将从工作环境、工作时间和安全健康三个方面介绍纺织业的工作条件。

（一）工作环境

所谓工作环境，是指劳动者工作时所处的环境。传统纺织业工作环境一直很差，普遍存在噪声高、粉尘飞花污染严重、飞梭等问题，但随着现代纺织业的发展，纺织设备、空调、吸尘等技术有了飞跃性提升，曾经普遍存在的环境问题已得到很大改善。以下为江苏大生集团纺织生产线的部分现场图片（图2-27）。

1.大生紧密纺车间(图2-28)

大生一期紧密纺车间拥有5万纱锭，采用全封闭大柱网设计，车间的温、湿度和空气

图2-27 江苏大生集团纺织生产线现场

图2-28 大生紧密纺车间

中悬浮颗粒含量受到严格控制；主要设备采用国外知名公司的尖端产品：2套德国特吕茨勒清钢联；3套瑞士立达精梳机、条并卷联合机和10台并条机；30台日本丰田自动紧密纺纱机RX240NEW-EST(长车)；35台配有罗卡斯紧密纺装置的细纱机；14台德国赐莱福自动络筒机。项目通过最优的资源组合，最大限度地发挥各单机高产、高效的技术优势，开发、生产全国一流的高支精梳紧密纺纱，带动整体产品档次的提升。

紧密纺纱机打破了传统环锭纺机械纺纱常理，利用气流纺纱负压原理，采用高性能CPU和最新变频伺服控制，实现了高精度全程逻辑控制气流负压，使松散的须条在最佳气流负压作用下吸附纺纱，通过多功能操作存储记忆与监控管理的完美结合，纺制出高档、高质量、无毛羽致密新型纱。有效地提高了织布的准备、织、编各工序的效率，减少了上浆和上蜡量，代替了同支数烧毛纱，极大地满足市场迫切需要的高档服饰面料、针织服装面料用纱。该机为配有集体自动落纱的1152锭/台的长车，落纱时间少于2分钟，达到了高效运作的效果，万锭用工为26人。

2.大生新型纺车间（图2-29）

图2-29 大生新型纺车间

新型纺车间是最新组建的纺纱车间，拥有国内最新的清梳联生产线2条，配有特吕茨勒公司的异纤检测机，确保了无色丝嵌入。添置了先进的精梳机、高速并条机，并对FA系列细纱机全面改造，形成新型赛络紧密纺84700锭生产线及赛络纺15000多锭。

（1）生产能力：月产800多吨棉纱，人棉纱及多种混纺纱，可生产纯棉精梳纱，人、普漂白染色针织纱、机织纱（6S～120S）；黏胶、莫代尔、天丝等纤维素纤维针织、机织用纱；黏棉混纺系列；竹节纱（6S-60S）。

（2）主要生产产品：纯棉JC40S、JC50S、JC60S、JC80S、竹节纱（定制），黏胶抗起球纱。

（3）主要配置设置：清梳联2套，FA203 32台；FA141 6台、FA076 4台、FA224 32台、A186F 30台；精梳SFA286 9台、E62 10台；并条24节立达RSB D-035 2台；精纱机27台；细纱机FA506 180台、A513 32台；络筒21C8台（带异纤检测）、AC5 10台、AC338 13台。

3.大生纺一车间（图2-30）

图2-30 大生纺一车间

（1）生产规模：拥有环锭纺60360枚纱锭。

（2）主要设备：FA系列细纱机146台，其中51台改造成赛络紧密纱。拥有全国自动络筒机Autocoent-338络利安 村田21C等19台。

（3）生产能力及适纺性能：月产6S-120S棉纱、包芯纱、天丝纱、莫代尔、人棉纱700吨左右。

（4）主要生产品种：天丝纱、莫代尔、人棉纱、纯棉普梳纱、纯棉精梳纱、棉黏混纺纱、氨纶纱、天丝等。车间拳头品种人棉纱、富纤高支纱、抗起球黏胶，荣获国家银质奖和江苏省新产品"金牛奖"。

（5）主要配套设备：清棉机组6套，梳棉机93台，高速并条机2套，细纱机146台，进口全自动络筒机19台。

4. 大生纺二车间（图2-31）

（1）生产规模：拥有环锭纺33600枚纱锭，其中1万锭改造成赛络紧密纺和德国赐来福公司生产的全自动气流纺2880头。

（2）生产能力及适纺性能：月生产各类6S-100S纯棉，人棉纱25吨，6S-30SOE纱900吨左右。天丝棉，黏胶棉混纺纱，竹节纱。

（3）主要生产品种：米通纱、针织纱、纯棉普梳纱、纯棉精梳纱、全棉OE纱，人棉OE纱，并能适纺较高支别的OE纱。

（4）主要配套设备：国产清梳联2套供FA203梳棉机18台，德国德吕茨勒公司清梳联2套，瑞士立达产精梳机2套（E32 2台，E62 10台,RSB-D30C2台），国产高速并条机16台，德国赐来福公司Autocoro-312全自动气流纺纱机10台、经纬纺机JWF1536自动紧密纺纱机、FA506细纱机70台，意大利络利安自动络筒机10台。

5. 大生织造一车间（图2-32）

图2-31 大生纺二车间

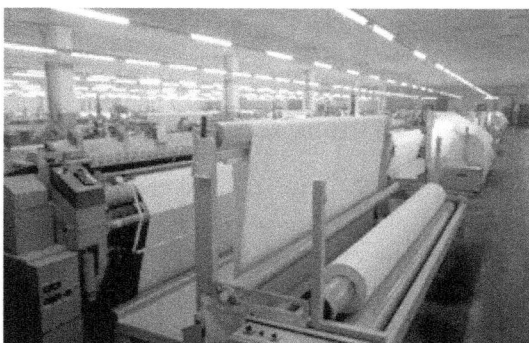

图2-32 大生织造一车间

（1）生产规模：拥有20世纪90年代国内国际先进水平的各类进口无梭织机223台。

（2）生产能力及适纺性能：月生产各类坯布300万米左右。

（3）主要生产品种：床上用品系列：CJ 94#40×40 133×98，CJ 94#40×40 133×100，

CJ 94#40×40 133×72 2/1，CJ 120# 120/2×120/2 240×240缎纹，及各种斜条、斜纹、防羽布等。工业用布系列（大卷装最大直径1米）：T/C 61# 20/2×20/2 93×42，T/C 49# 20×20 105×55。各类休闲面料（小提花、双层布、复合料、灯条格、双经双纬等）：CJ 67# 40×40 105×80华夫格。低特衬衫面料。府绸面料系列：C63# 40×40 133×72，C67# 40×40 133×72 2/1斜纹，C67# 40×40 160×60，95#J60×60 140×140 1/1防雨布，弹力布系列：69# 16×16+70D 90×40 2/1，69# 40×40+40D 99×72，74# J40×J40+40D 167×132×双面缎，70# J32×J40+70D 130×78 5/3。其他各类高档面料：小提花、弹力竹节布等。

（4）主要配套设备：瑞士苏尔寿片梭织机P7100(2.8m)织机55台，片梭P7100(3.9m)织机39台，片梭P7200(3.9m)织机42台，德国多尼尔全自动喷气织机(3.8m)56台，日本丰田喷气织机JAT610 63台（其中28台为电子多臂开口机构，4台电子式大提花开口机构），日本津田驹ZAX9100-280 36台，卷纬机4台，络筒机5台，整经机5台（其中瑞士贝宁格整经机2台），浆纱机4台（其中德国S222祖克浆机1台，瑞士贝宁格浆纱机2台），验布机17台，烘、折、刷布机7台，360T液压打包机2台。

厂区内各织造工场的后整理车间，负责各类坯布的验、修、烘、刷、折、分等、打包（成卷）任务。

6.大生织造二车间（图2-33）

图2-33　大生织造二车间

一期306台喷织车间，采用当前先进的大小环境送风设计理念，引进国际一流日本津田驹公司生产的最新型ZAX9100系列多门幅喷气织机，国际先进的贝宁格整经机、浆纱机等，形成一流的织造生产流水线。

本项目拥有1.9mZA205喷气织机70台、最新ZAX9100系列1.9m喷气织机128台、2.3m宽幅喷气织机36台、3.4m特宽幅喷气织机72台，为全国集中使用日本津田驹ZAX9100多门幅喷气织机最多的生产样板区。项目配备了世界首创织造导航系统，实现织造导航、调整导航、织造建议、跟踪导航、自我导航、自动巡航功能，利用纺部生产的高档紧密纺纱、各种新型环保纱、特色纱，生产高档服饰面料、加弹休闲服装面料、特宽幅床上用品和复杂小提花装饰布及布艺面料、工业用布等多门类产品，从而改变以往单一生产服饰面料向家用面料、产业用布领域进军，满足消费者在寝室文化和保健意识方面的需求，挺进国际高档产品行列。

（二）工作时间

根据国家现行的劳动法，实行劳动者每日工作时间不超过8小时、平均每周工作时间不超过40小时的工作制度。纺织行业的工作时间安排通常可以分成常日班和轮班两种情况。

常日班工作时间安排在白天正常进行，起止时间由企业自己规定。轮班工作时间的安排形式有单班制和多班制。单班制，每天只组织一班生产，它有利于职工的身体健康，便于进行人员与生产管理，但是会造成设备、厂房闲置，不能充分利用。多班制，每天组织两个或是两个以上工作班生产，又可分为两班制、三班制和四班三运转几种情况，这种多班制运转模式的核心都是为了确保"人停机不停"。

我国的企业大约在20世纪80年代以前基本采取三班倒运转模式。即企业以车间或工段为单位，将轮班工作人员分为甲、乙、丙三个班，三个班分别上早班、中班、夜班，每周倒换一次。这种倒班方式，容易使工人产生不适应性疲劳，尤其是上夜班的班组，连续上一个星期的夜班，到周末轮换时，又要倒紧班（即下夜班后，仅休息8小时就上中班），使得这种由于轮班造成的疲劳长期得不到解除，对工人的健康影响很大。实际上，在实行"正顺序倒班法"的情况下，职工由早班调中班，由中班调夜班，如此反复轮换。在实行"逆顺序倒班法"的情况下，职工由早班调夜班，由夜班调中班，如此反复轮换。在正顺序倒班情况下，夜班倒早班的工人要连续工作16小时（即打连班），这种情况在企业运转中几乎未见采用；在逆顺序倒班法情况下，夜班倒中班与早班倒夜班的工人都只能休息8小时（即倒紧班）。

大约从20世纪80年代开始，我国很多企业开始采用四班三运转模式。相对于三班倒的方式，四班三运转的方式在降低轮班工人的劳动强度方面要好一些，但增加了工厂的用工人数，大大提高了企业的生产成本。目前四班三运转的轮班制度有三种方式：一种是每班只连续上两天，8天中休息两天，即2个早班、2个中班、2个夜班、然后休息2天。另一种是每班上一天，即上一个早班，休息24小时，第二天上中班，下了中班，24小时后再上夜班。还有一种方式是每班连续上三天，即白班、中班和夜班各上3天，然后休息三天。这三种方式，工人都可以得到较充分的休息，不会使机体产生不适应性疲劳。当然，现代化生产是连续进行的，要完全取消夜班也是不现实的。四班三运转只是相对于原来的三班制要好一些。

两班制又叫两班倒，一般分成白班和夜班。就是在一天的时间内（即24小时）执行两轮的上班制度（即每班连续工作十二小时后两班互换），这就说明有人必须要上夜班，企业考虑到员工生理周期问题，所以两班制一般情况都是每隔一个星期进行一次员工上班时间的倒换，即上周上白班的下周轮到上夜班。同理，上周上夜班的下周上白班。显然，两班制的轮班模式在用工人数上有明显减少，这在很大程度上缓解了企业招工困难的窘境，两班制的形成并非偶然，近几年来，很多纺织企业都先后开始采用两班制运转模式。

（三）安全与健康

纺织企业生产过程工序多、机械设备复杂、用电量大，同时还会排放出大量尘埃及易燃悬浮物等，部分工序还有明火高温作业，因此，生产过程中存在火灾、人身伤害等多种安全隐患，为了保障人民群众的生命和财产安全，减少各种安全事故的发生，国家、企业分别制定了消防安全及安全生产的法律、法规及相应的规章制度。

阅读材料：某纺织企业安全生产规程

为了加强纺织工业企业安全管理，防止和减少生产安全事故，保障人民群众生命和财产安全，根据有关安全生产法律、法规和标准的规定，制定本规程。本规程由国家安全生产监督管理总局提出并归口。本规程起草单位：中国纺织工业协会。

棉纺织工业企业安全管理规程

1.范围：本规程规定了棉纺织企业安全生产的基本要求。本规程适用于各类棉纺织企业。

2.规程性引用文件：下列文件中的条款通过本标准的引用而成为本标准的条款。凡是注日期的引用文件，其随后所有的修改单（不包括勘误的内容）或修订版均不适用于本标准。然而，鼓励根据本标准达成协议的各方研究是否可使用这些文件的最新版本。凡是不注日期的引用文件，其最新版本适用于本标准。《中华人民共和国安全生产法》《中华人民共和国消防法》《中华人民共和国劳动法》《中华人民共和国职业病防治法》《中华人民共和国全民所有制工业企业法》《安全生产许可证条例》《特种设备安全监察条例》《危险化学品安全管理条例》《民用爆炸物品管理条例》《建设工程安全生产管理条例》、GB 18218重大危险源辨识、GB 6944危险货物分类和品名编号、GB 15603常用化学危险品储存通则、GB 11651劳动防护用品选用的规则、GB 2893安全色、GB 2894安全标志、GB 19517国家电气设备安全技术规范、GB 50254电气装置安装工程低压电压施工及验收规范、GB 50255电气装置安装工程电力变漏设备施工及验收规范、GB 50256电气装置安装工程起重机电装置施工及验收规范、GB 50257电气装置安装工程爆炸和火灾危险环境施工及验收规范、GB 50303建筑电气工程施工质量验收规范、GB 4387工业企业厂内铁路、道路运输安全规程、GB 5083生产设备安全卫生设计总则、GB 50016建筑设计防火规范。

3.术语和定义：棉纺织企业（Cotton textile enterprise）是指以原棉为主的天然纤维以及天然纤维与化学纤维混合，经机械加工成为条、纱、线、布等半成品或者产品的生产经营单位。具体术语和定义依据《纺织工业企业安全管理规范》的内容。

4.一般规定

4.1 棉纺织企业应当贯彻执行"安全第一、预防为主、综合治理"的方针，建立健全安全生产责任制度，加强安全管理，不断完善安全生产条件，保障安全生产。

4.2 棉纺织企业的安全管理机构的设置、管理人员的配备、安全管理责任、安全管理制度、安全技术措施、安全培训教育、事故调查和处理、安全检查等内容应当符合《纺织工业企业安全管理规范》的要求。

4.3 棉纺织企业的工会组织应当依法组织从业人员参加本单位安全生产工作的民主管理，对本单位执行安全生产法律、法规等情况进行民主监督，维护从业人员在安全生产方面的合法权益。

5.设备安全

5.1 前纺工序设备

5.1.1 清棉工序设备

5.1.1.1 抓棉机吸斗观察窗必须配备机械和电气联锁，机械联锁装置的销杆与观察窗的长度不小于0.05m，间隙不大于0.02m，抓棉机打手的抓棉口处应有护栏，抓棉机必须配备上、下定位装置，平台式抓棉机必须配备运行碰撞自停装置和防止误入的隔离措施。危险部位应设置安全警示标志。

5.1.1.2 混开棉机滚筒部位必须配备机械和电气联锁,滚筒顶盖的机械联锁的锁杆长度不小于设备宽度的2/3,打手部位应同时配备机械和电气联锁,观察窗应使用不易破碎的有机玻璃。

5.1.1.3 清棉机打手传动轴应配置轴套,危险点应有联锁装置,并有明显安全警示标志。

5.1.1.4 开棉机打手部位应配备机械和电气联锁,机械联锁销杆的长度必须大于观察窗0.03m,观察窗与打手距离不小于0.80m。

5.1.1.5 成卷机紧压罗拉手轮处应加装防护板,手轮弹簧必须处于松弛状态,各传动部位必须加装防护栏或防护罩。

5.1.1.6 成卷机综合打手处必须配备机械和电气联锁,机械联锁与观察窗的上下间隙不大于0.02m,压辊棉层输出部位必须安装生头罩,并配置生头板。危险部位应设置安全警示标志。

5.1.1.7 清棉机应安装操作和检修平台,平台必须设置防护栏,其高度不小于1.05m,每档间距不大于0.30m,危险部位都应有安全警示标志。

5.1.2 梳棉工序设备

5.1.2.1 锡林抄针门间隙不大于0.01m,并有安全警示标志,联锁装置灵活有效。

5.1.2.2 刺辊后车肚应有安全措施,有安全警示标志。各传动部位应安装安全防护罩。

5.1.2.3 剥棉部位应安装安全防护罩,上绒辊应安装绒辊防绕断电限位装置。

5.1.2.4 锡林道夫三角区应有安全挡板。

5.1.2.5 梳棉车后、棉卷给棉罗拉处应安装自停装置。

5.1.3 并条、粗纱、精梳设备

5.1.3.1 并条机齿轮传动部位安全防护罩必须安装断电限位装置,并有安全防护罩开启支架。小压辊棉条输出部位应有防绕断电限位装置。危险部位应有安全警示标志。

5.1.3.2 粗纱机车头齿轮传动部位安全门应有断电限位装置,锭壳转动时应有光电断电限位装置,各传动部位应安装安全防护罩。危险部位应有安全警示标志。

5.1.3.3 条卷机成卷部位安全防护罩必须安装安全断电限位装置,紧压罗拉和皮辊传动部位翻盖应安装安全断电限位装置。危险部位应有安全警示标志。

5.1.3.4 精梳机传动部位安全防护罩必须安装安全断电限位装置。

5.2 后纺工序设备

5.2.1 细纱设备

5.2.1.1 车头传动齿轮安全门应有安全断电限位装置。危险部位应有安全警示标志。

5.2.1.2 计长表、导纱横动装置、车头、车尾应安装安全防护罩;车头、车尾箱门的门钩、插门应配有自锁装置。

5.2.2 后加工设备

5.2.2.1 自络筒、捻线机、并纱机、倍捻机、气流纺机等传动部位安全门(罩、盖),应有安全断电限位装置。

5.2.2.2 摇纱机传动齿轮、滚动轴等传动部位必须安装安全防护罩,危险部位应设置安全警示标志。刹车、满绞应有安全自停装置。

5.2.2.3　烧毛机气阀管道无泄漏，混气箱、风机、水泵、吸尘、喷淋等设施、设备应完好，喷淋池水位正常，室内通风良好。

5.2.2.4　络筒机配套座车必须稳固牢靠，踏脚压板与传动带接触良好，车轨槽上应设置限位装置，传送带皮带轮、传动部位应安装防护罩。

5.3　织造工序设备

5.3.1　整经工序设备

5.3.1.1　整经机经轴两端应加装安全防护罩，并应设置自停保险装置。

5.3.1.2　浆纱机传动部位、齿轮、链轮必须设置安全防护罩，铁炮轴、拖行辊露出机外部位应安装轴套。

5.3.1.3　压力表、安全阀的工作压力应根据生产工艺要求控制在额定范围之内，压力表额定的MPa应标有红线，经专业部门检测、检验合格后方可使用。

5.3.1.4　穿筘机经轴两端应设置防滑落装置。

5.3.2　布机传动部位应设置安全防护罩；梭子运行过程中应设置防飞梭装置和防护挡板。

5.3.2.1　验布机导布辊、拖布辊（轴）、主动轴等传动部位应设置安全防护罩。

5.3.2.2　卷布机主动轴、凸轮轴前后链轮之间应安装安全防护罩。

5.4　棉纺织辅机设备

5.4.1　前纺辅机设备

5.4.1.1　清棉粗纱头机打手应安装机械和电气联锁，传动齿轮、皮带应配备防护栏或防护罩。危险部位应设置安全警示标志。

5.4.1.2　清棉打包机压板升降应安装限位装置，有明显安全警示标志。

5.4.1.3　梳棉包磨盖板机、包磨刺辊机、裸磨机等传动轮、皮带应安装安全防护罩。

5.4.2　后纺辅机设备

5.4.2.1　理管机、皮辊制作砂轮磨床、套皮辊机等各传动齿轮、传动带、盘应安装防护罩或防护栏，往复移动应有机械定位装置。皮辊制作砂轮磨床，应设置除尘防污措施。

5.4.2.2　细纱落纱小车应使用≤36v的安全电压，清洁器刀口入口处应安装防割伤挡板，导轨与小车触点应安装四触点装置。

5.4.3　织造辅机设备

5.4.3.1　成品布打包机上下升降应安装限位装置，传动轮系部位应安装防护罩、安全阀、保险杆应安装自动断位装置。

5.4.3.2　蒸纱锅应按该设备的MPa/kg要求配置相匹配的安全阀和压力表，压力表、安全阀应按额定MPa/kg范围标明红线。经专业部门检测、检验合格方可使用。

5.5　通用设备

5.5.1　通用设备（包括车床、刨床、镗床、滚床、铣床、磨床、钻床）参照国家有关标准。

6.操作安全

6.1　前纺工序

6.1.1　清棉工序

6.1.1.1　抓棉机开车前，应检查轨道上是否有人或有物品，检查无误后方可开车。进入平台拣杂，必须在抓棉机向远方运行时进行，防止撞伤或轧伤。

6.1.1.2　抓棉机发生故障时，应切断电源，待设备停稳后处理，故障排除后应相互联系确认安全后方可开车，并严格执行装置顺序，应先开风机，再启动小机。

6.1.1.3　做抓棉机传动部位清洁工作时，必须关车进行，做平台升降型抓棉机下部清洁工作前必须切断电源，并悬挂安全警示牌。

6.1.1.4　混棉机清洁工作、清理杂物或处理故障时必须关车，待设备停稳后方可进行；传动轮、传动带等部位做清洁工作或加油检修时必须关车进行，开车前必须检查安全防护罩安全有效。

6.1.1.5　混棉机上部清洁工作或处理故障时，登高作业必须用专用登高用具，严禁手攀、脚踩传动部件登高。

6.1.1.6　开棉机给棉罗拉、传动齿轮或打手发生机械故障时，必须待设备停稳后方可进行检修；搬运给棉罗拉时必须有两人配合；故障处理完毕，必须检查安全装置，确认无误后方可开车。

6.1.1.7　成卷机综合打手处发生故障或做清洁工作时，必须关车，发现紧压罗拉、棉卷罗拉棉层内有杂物时，必须关车处理；重新生头时必须使用生头板操作；传动齿轮、传动带发生故障或做清洁工作时必须待设备停稳后进行，车未停稳严禁打开安全罩；斜帘导盘处、V形帘与导盘处做清洁工作时，必须关车。

6.1.1.8　粗纱头机喂入纱条时应在近罗拉的平帘处喂，应将手卷曲，用屈指背推送，手指不得贴近罗拉；发生故障立即关闭马达，待设备停稳后方可操作；传动部件做清洁必须在关车时进行。

6.1.1.9　打包机压板在离机框0.15m时应关闭马达，待压板停止下降后方可将机框边的回花回卷推塞整齐再进行操作；在打包机压板接近机框0.15m继续下降时，严禁用手或工具推塞。

6.1.1.10　拆包装箱时应注意棉包周围人员，剪断、抽取棉包捆扎物时要侧面操作，拆包完工收清工具及捆扎物等；运棉包车不可直立，拆大包时应两人配合。

6.1.1.11　原棉拆包作业应使用剪切工具，不得使用磨削和锤击工具，防止产生火星，拆下的金属和其他材质的包扎件应规范存放，及时妥善处理，不得乱丢，保持作业场地清洁，防止金属杂物混入棉台内。

6.1.1.12　操作人员作业时禁止携带火种。

6.1.1.13　暖气管和电气设施（周围）1m内不可存放棉包和可燃物。

6.1.1.14　不得在棉包上躺、卧、坐和放置物品。

6.1.1.15　每班应不少于一次清除磁铁装置和金属探测器上的金属杂物，每日清除机台和电气装置箱、地面飞花，每周清除车间内高空积花。

6.1.1.16　回用棉条必须扯开、拉断，长度不得超过0.5m。

6.1.1.17　严格遵守操作规程和交接班检查制度，保持区域内清洁，加强巡回检查，发觉异常状况应立即停车检修。

6.1.1.18　建立保洁制度，保持机台设备和地面清洁、高空无积花。揩检室等设置油类（易燃品）储存点的部位不得设置砂轮机。

6.1.1.19　定期做好滤尘室、地弄、尘笼袋清洁工作，滤尘室不得堆放机配件及杂物，室内四周应保持清洁。滤尘室内的照明应采用防爆灯具。除尘室内、外的尘絮和积花应定期给予清除。

6.1.1.20　经常检查风机扇叶，电气装置及除尘设备保障运转正常。

6.1.1.21　电器、风机轴承、扇叶，电动机应有检修保养周期，防止机器长时间运转、电器老化、破裂、电动机超负荷、短路；尘笼积花堵塞、受热、风扇叶与罩壳摩擦撞击，高压吸嘴与机体相碰出火等。

6.1.2　梳棉工序

6.1.2.1　上棉卷时，应防止棉卷铁钎滑落伤人；喂卷生头时，手指不准平行伸直，应用屈指背推送棉卷头；给棉罗拉换卷时应先将铁钎安放妥当，上卷后要注意铁钎两端长度适当，防止滑落。

6.1.2.2　龙头小压辊绕棉条或轻重牙、盆子牙等齿轮缠花时必须关车，停稳后处理。

6.1.2.3　严禁锡林未停稳开启抄针门，严禁机器转动时手伸入转动部位。

6.1.2.4　做后车肚清洁工作时，必须关车待停稳后进行；出前车肚花时应关车待停稳后平推拉耙。

6.1.2.5　清洁传动部件时须注意机件回转方向，防止工具轧入齿轮或传动带内；锡林、刺辊未停稳时，严禁刷大小漏底；道夫未停稳，不准做吸风罩内的清洁工作；道夫上绕棉网时，严禁用手剥取，应使用专用工具进行。清除锡林、道夫三角区域花，必须使用专用工具。

6.1.2.6　开车前应检查安全防护装置；必须做到先招呼确认安全再开车。当锡林缠绕花时必须先停稳后给棉，再关车，待设备停稳后再进行处理。

6.1.2.7　处理故障时，切断电源，挂安全警示牌，在设备停妥后再检修；盘动皮带盘及传动部位时，必须先招呼后盘动；装卸皮带、传动绳子应停车进行。

6.1.2.8　严格掌握棉卷厚度，操作时应注意防止断头造成道夫返花卡住锡林而摩擦起火。

6.1.2.9　遇火情应及时关闭吸风，立即堵塞吸风口，并迅速报警。

6.1.3　并条、粗纱精梳工序

6.1.3.1　并条机落桶时必须在设备停妥后进行，在花衣绕罗拉、皮辊时必须在设备停稳后处理，圈条盘发生塞棉条时，严禁在机器运转时用手托圈条盘。

6.1.3.2　并条机上扎钩时须用双手操作，卸扎钩时手不可放在垫圈下面。

6.1.3.3 粗纱机锭壳挂花时须停车摘取；罗拉上缠绕花时应停车剥取。

6.1.3.4 精梳机开车前或盘车头时必须前后招呼；挑锡林时应切断电源。

6.1.3.5 精梳机停车后不得随意启动电源，设备运转时严禁开启风斗盖，触摸毛刷。

6.1.3.6 条卷机操作时，设备未停妥严禁开启防护罩，落卷生头时不得两人同时操作，放筒管时必须手心向下，手背朝上，放完后要手先离开再踩踏脚；生头时必须要用招头板。

6.1.4 前纺保全保养

6.1.4.1 清棉检修传动部件时必须切断电源，向操作者示意，拆紧压罗拉及沟槽时应检查起重装置，起吊要平稳，有专人指挥。

6.1.4.2 梳棉平揩车前先切断电源再操作，抬道夫、刺辊配合要默契。磨车时，车未停稳不准开启抄针门；不准用手或工具碰触针齿、磨辊。

6.1.4.3 并条机保全保养时必须切断电源，拆下的机件应放在规定地点。

6.1.4.4 粗纱机保全保养时必须切断电源，不得触碰成型部位成型弹簧，防止下龙筋下落。

6.1.4.5 精梳机保全保养时应切断电源，盘动机台时应先招呼后操作，校正钳板和锡林隔距时，不得盘动设备，装配锡林时必须用双手托稳，防止梳针伤手。

6.2 后纺工序

6.2.1 细纱工序

6.2.1.1 锭子传动时不准从筒管底部拔取管纱，拿下皮圈花衣时应防止手指轧伤。

6.2.1.2 取大铁辊或大木杆时必须放置平稳，防止坠落；罗拉上和罗拉颈处缠绕花衣时，应关车处理。

6.2.1.3 落纱时严禁脱手推送落纱小车；落纱小机上车后才能开电源装置，用毕及时切断电源；车上槽板、脱电装置及小机电刷保持清洁。

6.2.1.4 运输小车使用时必须慢行，并随时使用信号或吹哨。

6.2.1.5 理管机开车前应环顾车旁人员，人离机时随手切断电源；故障时，必须关机处理，不准在运转状态下操作。

6.2.2 加工络筒工序 络筒车在运转中槽筒或槽筒轴缠绕回丝时，必须关机后处置；生头落纱时要把缠绕在二指上的回丝取下。座车运行时要注意左右两侧，纱管落地时须下车捡取。

6.2.3 摇纱工序 摇纱车绞纱圈故障时应关车处置，车未停稳不准寻找纱头。

6.2.4 烧毛工序 烧毛作业前应先排风后点火；作业时不得关闭门窗，关注火焰状况；空锭时应及时关闭气源，发现隐患立即关车。

6.2.5 后纺保全保养平揩车 后纺保全保养平揩车时应切断电源，挂上警示牌；罗拉搬移时应相互联系，防止滚落；拆卸拈线成形部件时应上好千斤钩，卸滚筒时要放好托架。

6.3 织造工序

6.3.1 整经工序

6.3.1.1 整经机运转时不准在大经轴及车肚做清洁。

6.3.1.2 落轴时应检查两端顶杆是否脱开，并应两人配合。经轴落下后应慢速滚动，不可冲撞，并注意滚动下方状态。

6.3.1.3 做风扇清洁须关车进行，开车时须用慢速操作。

6.3.2 浆纱工序

6.3.2.1 上纱抬起后纱辊时，手不可放在纱上；开车前必须先打铃，开慢车，穿绞纱棒对应注意身后情况，防止伤人；操作人员必须正确穿戴劳防用品。

6.3.2.2 烘房操作要戴防烫袖套，在浆槽部位工作时要注意水汀管和沸管，防止烫伤，不可将手伸进浆锅内取物，处理浆槽工作时必须关水汀；车头未装好防轧装置不得开车；地面应保持清洁干燥，防止滑跌。

6.3.2.3 落轴前要检查起吊装置是否完好，起吊时必须看清吊钩两端是否钩稳，小车放稳后方可落轴。

6.3.3 穿筘工序

6.3.3.1 穿筘机禁止两人在同一机台上操作，启动后禁止人员在危险区域。

6.3.3.2 上落轴时盘头要摆正，小车要放稳，另头机在上落轴时要放在固定位置。

6.3.4 布机工序

6.3.4.1 开车前应查看机台及周围人员，确认安全后再开车，并须逐台开启。

6.3.4.2 遇飞梭、轧梭时应通知检修工，不得擅自处理。

6.3.5 织造工序保全保养

6.3.5.1 平揩车时切断电源，挂上警示牌；抬重机件时要检查搬运工具，相互联系；拆盘头时钩好盘头，检查换梭动作，人侧立机旁，不连换梭子，并示意两侧人员避让。

7.环境安全

7.1 棉尘控制

7.1.1 棉纺织企业作业场所内棉尘含量按《中华人民共和国职业安全卫生标准GBZ2—2002》有关标准执行，时间加权平均允许浓度控制在1.0mg/m³，短时间接触允许浓度控制在3.0mg/m³。

7.1.2 棉纺织企业应制定除尘、吸尘、滤尘等设备、设施的维护作业计划，定期检查、检测各工序、各工种的棉尘含量，控制车间送、排风量，保持车间微正压。

7.1.3 纺部车间的清棉工序、梳棉工序应根据工艺要求配置相适应的滤尘、除尘设备；并粗、精梳、细纱以及烧毛等工序应安装吸尘、除尘装置。

7.1.4 纺部车间的磨针、磨皮辊和织造工序的刷布机等辅机设备带有粉尘排放的作业，应配置相应的除尘装置。

7.1.5 除尘、吸尘、滤尘等装置发生故障时，应立即组织人员抢修，最大限度地降低棉尘悬浮物废气的排发。并定期对产生的尘土，腐蚀物等设专人负责清除。

7.2 噪声控制

7.2.1 棉纺织企业作业场所的噪声，应按《中华人民共和国职业安全卫生标准GBZ1—2002》规定执行，应选用高效、节能和低噪声的棉纺织机械设备和设施，严格控制噪声排放。

7.2.2　清棉、梳棉、并条、粗纱、络筒等作业场所的噪声应控制在80dB（A）；精梳、细纱、倍捻、织布等作业场所的噪声应控制在85dB（A）。

7.2.3　作业场所操作人员每天连续接触噪声8小时，噪声声级卫生限值为85dB（A）。操作人员每天接触噪声不足8小时的场合，可根据实际接触噪声的时间、按接触时间减半、噪声声级卫生限值增加3dB（A）的原则，确定其噪声声级限值的最高限值不得超过115dB（A）。

7.2.4　棉纺织企业应制订噪声源设施的维护作业计划，定期对生产场所的噪声进行检测、检查。对噪声源设施、设备定期进行维护、保养，减轻噪声对周围环境的影响。

7.2.5　棉纺织企业在未达标前应接受有关主管部门规定，限期整改达标，对作业人员配备必要的防护用品，保障作业人员健康。

7.3　生产场所环境

7.3.1　生产场所应划定堆放区域，落实定置管理。

7.3.2　生产场所环境保持清洁、明亮、卫生，定期清扫高空积花、积尘；保持地面清洁，无油渍、杂物。

7.3.3　生产设备的排列间距、墙距应符合《棉纺织厂设计》的要求，保持地面畅通，方便设备维修和操作安全，并定期清扫，保持整洁。

7.3.4　生产场所应当保障疏散通道、安全出口畅通，严禁占用，通道及安全出口应有明显标志。

7.4　有毒有害控制

7.4.1　棉纺织企业使用、储存有毒有害危险化学品应按《中华人民共和国危险化学品管理条例》和《中华人民共和国职业卫生标准GBZ2—2002》等法律法规执行，取得相应的许可证，建立安全生产规章制度，保证危险物品的安全使用和管理。

7.4.2　棉纺织企业使用、储存有毒有害危险化学品必须实行双人收发、保管，应落实专人领用，做好购、发、存台账，对易挥发、易燃、易爆危险化学品必须按MSDS标准落实管理。

7.4.3　棉纺织企业应采取新工艺、新产品，加强对有毒有害危险化学品的控制，棉纺织工序的皮辊制作应安装吸尘装置，作业人员应配备防护用具，制作中产生的三氯乙烯应控制在4.33～6.65mg/m^3；作业中苯、甲苯、二甲苯、氯化氢及盐酸的最高容浓度不超过100mg/m^3；化验间等作业场所废弃的硫酸、盐酸、草酸、皂液等危险物品应按规定中和后排放；生产过程中产生的废油，应集中储存和处置。

7.4.4　棉纺织企业对从业人员接尘、接毒、接害劳动条件实行分级管理，分级工作实行自控与专控相结合的原则。

7.4.5　危险化学品的储存必须具有防泄漏措施，配置相应的消防器材，库房必须完好，具有通风、降温、防火、防雷击等措施；并分类储存，标识明显。

7.4.6　棉纺织企业对有毒有害危险化学品的购置、储存、使用应定期检查、检测。遇到紧急情况时按MSDS要求及时处置。

8.电气安全

8.1　变配电室

8.1.1　变配电室建筑物应当是独立单体的建筑物，其耐火等级不低于二级，必须设置符合标准的接地、接零、避雷装置。

8.1.2　变配电室门窗应完好，应有防雨、防雪、防雷击、防小动物进入的安全措施，并保持良好通风。

8.1.3　变配电室变压器、绝缘器具等电气安全用具必须按规定定期检测，做到安全使用和存放。

8.1.4　变配电室严格执行停、送电制度，工作票和倒闸票操作制度，在对变配电室设备检查、维修、清扫、试验等工作按《电业安全工作规程》的规定执行。

8.1.5　变配电室内必须配备相应的消防器材，严禁堆放杂物，保持室内清洁。

8.1.6　变配电室是企业的安全生产重要部位，未经批准不得入内，并做好进出入登记记录。

8.1.7　变配电室内开合闸刀应有专人负责、监护。操作时应偏侧身体，不能面对装置。

8.2　动力管线

8.2.1　棉纺织企业的动力管线的设置、接装、维修等应符合《电业安全工作规程》的相关规定，由电气专业管理部门负责和统一管理。

8.2.2　凡在动力线上新装用电设备，必须征得棉纺织企业电气专业管理部门同意方可实施。

8.2.3　棉纺织企业的动力管线不准架设在生产作业场所的高空吊平顶内。

8.2.4　高压电缆敷设在厂区地下深度为0.7～1.2m，电缆沿线2m内不得挖土、打桩、堆物以及移动电缆沿线的标卡牌。

8.2.5　棉纺织企业的动力管线应定期清扫，保持整洁。

8.2.6　棉纺织企业应定期对地沟内的电气设施进行检查与维修，保证电气设施的完好。

8.2.7　大型电缆地沟内不得吸烟，严格控制明火作业，离开时应关闭照明、门或地沟盖。

8.3　电气临时线路

8.3.1　凡属正常生产用的电气动力和照明设备，不准装设临时线。

8.3.2　因需要装设临时线的，必须经过安全部门审批同意方可安装，使用期限不超过1个月。如需延期使用，必须补办审批手续，但不得超过3个月。

8.3.3　装拆临时线必须符合《电业安全工作规程》，由电气专业管理部门作业。

8.3.4　对装设的临时线，由使用部门负责现场管理，电气部门负责检查、维护，安全部门负责监管。

8.3.5　临时线的安装使用必须做到电源线绝缘良好，不得破损，不得有接头，架设应安全可靠，室内离地高度不低于2.5m；室外不低于3.5m；必须从地面通过时应采取可靠的保护措施。长度不得大于10m，防止外力损伤。

8.3.6 临时线所连接的电气设备、设施必须接地、接零，安装熔断器、漏电保护器等保护装置。

8.3.7 室外用临时电源必须有防雨、雪及防外力破坏措施。

8.4 移动电器、电具

8.4.1 移动电器具均应登记造册，由专人负责检查维修、定期检测，检测时间不得超过90天，未经检验合格不准使用。

8.4.2 移动电器具应有专人保管。使用前必须严格检查，确保安全可靠。

8.4.3 手持移动电器具的出线头必须有胶圈固定，电线长度不得超出5m，使用安全电压，使用前必须认真检查，发现电线绝缘不良、接线松脱，插头破损、无接地线等不安全情况禁止使用。

8.4.4 在金属容器内和特别潮湿的地方不准超过12v，作业行灯不准超过36v。

8.5 电气设备装置

8.5.1 电气设备所需的安全标志、防护栏杆、停电牌、警示牌应当配齐配足，符合《电业安全技术规程》的要求。

8.5.2 电气导线、装置必须固定，动作灵敏可靠。绝缘良好，发现外壳破损、电线老化龟裂、折断、接点焦灼、松动和有漏电现象，应及时修理；穿墙过梁的电线必须有护套管；进出线盒外导线应加装防护套管，电气箱体应完整，应安装和埋设停电应急装置。

8.5.3 电气设备的金属外壳应当与之连接的生产设备的金属外壳可靠接地。

8.5.4 电动工具、电扇、电热器和其他移动的电器，都必须使用插头接电源，严禁把电线直接入插座或挂到其他电气装置上。

8.5.5 电气设备、设施等1m内不准堆放易燃、易爆、易挥发的危险物品，并留有大于0.5m的操作通道。

8.5.6 对250v以下的电气设备和线路如因特殊原因不能停电时，必须严格按《电业安全工作规程》的规定，采取安全措施后方可允许带电作业。

8.5.7 在易燃、易爆、潮湿、高温场所使用的电气装置、设备必须符合防爆、防潮和防高温的要求，保证绝缘性能良好，接地、接零可靠，并安装漏电保护装置。

8.6 用电安全

8.6.1 棉纺织企业电气设备的设计、安装、操作、维修必须符合原纺织工业部《关于纺织企业电气安全管理规定》的规定。

8.6.2 易产生静电的设备、容器，必须设置消除静电的装置。

8.6.3 凡生产专用电加热设备必须有专人管理和使用，离开时必须切断电源。

8.6.4 凡停用的设施、设备必须切断电源。

8.6.5 任何电器、电气设备（包括电灯、电线等）在未经验明无电前，一律视为有电，严禁触摸。

8.6.6 装置箱、电机、电箱严禁烘烤搭放衣物，定期清扫、检查，电箱内必须做到清洁无积花。电箱内外不得存放杂物。

8.6.7 所有电气设备的金属外壳均应有良好的接地装置，按维修周期进行检查。使用中严禁拆除接地装置。

8.6.8 停、送电工作，必须由变配电室统一调度，作业场所有专人值班，电气设备上必须悬挂安全警示牌，并由原来放置人员拆除。

8.6.9 棉纺织企业的建筑物、构筑物都应按规定设置避雷装置，定期检测，确保完好有效。

9.劳动保护

9.1 劳防用品发放、使用

9.1.1 棉纺织企业应为从业人员提供符合国家标准或者行业标准的劳动防护用品，不得以现金或其他物品替代劳动防护用品的提供，并教育、督促从业人员正确佩戴、使用。

9.1.2 棉纺织企业在购买劳防用品时，应索取产品检验合格证，归档保存。采购特种劳防用品应向有取得特种劳防用品生产、经营许可证的单位购买。

9.1.3 从业人员作业时必须正确、规范穿戴劳防用品。

9.1.4 临时进入生产作业现场的其他人员，应穿戴必需的防护用品。

9.2 女职工劳动保护

9.2.1 棉纺织企业应当按照国家有关规定，不得在女职工怀孕期、产期、哺乳期降低其基本工资，或者解除劳动合同。

9.2.2 女职工在月经期间，棉纺织企业不得安排其从事高压和国家规定的第三级体力劳动强度的劳动。对于在生产第一线的女职工，应给予公假一天。

9.2.3 女职工在怀孕期间，棉纺织企业不得安排其从事国家规定的第三级体力劳动强度的劳动和孕期禁忌从事的劳动，不得在正常劳动日以外延长劳动时间，对不能胜任原劳动的，应当根据医务部门的证明，予以减轻劳动量或者安排其他劳动。

9.2.4 女职工怀孕7个月，若有困难且工作许可，经本人申请，领导批准，可请产前假两个半月。怀孕7个月以上（含7个月）的女职工，一般不得安排其从事夜班劳动；在劳动时间内应当安排一定的休息时间。怀孕的女职工，在劳动时间内进行产前检查，应当算作劳动时间。对怀孕期的女职工，原则上不应该安排加班加点，对原从事经常弯腰、攀高、下蹲、抬举等容易引起流产、早产的作业，以及医务部门证明的不宜从事原工作的，应暂时调做其他工作或酌情减轻工作量。

9.2.5 女职工产假为90天，其中产前休假15天。难产的，增加产假15天。多胞胎生育的，每多生育一个婴儿，增加产假15天。

9.2.6 女职工怀孕流产的，棉纺织企业应当根据医务部门的证明，给予一定时间的产假。

9.2.7 女职工在哺乳期内，棉纺织企业不得安排其从事国家规定的第三级体力劳动强度和哺乳期禁忌从事的劳动，不得延长劳动时间，一般不得安排其从事夜班劳动。有不满一周岁婴儿的女职工，应当在每班劳动时间内给予其两次哺乳（含人工喂养）时间，每次30分钟。多胞胎生育的，每多哺乳一个婴儿，每次哺乳时间增加30分钟，女职工每班劳动时间内的两次哺乳时间，可以合并使用。哺乳时间和在本单位内哺乳往返途中的时间，算作劳动时间。

9.2.8　女职工比较多的单位应当按照国家有关规定，建立女职工卫生室等，妥善解决女职工在生理卫生，哺乳、照料婴儿方面的困难。

9.2.9　女职工因生理特点禁忌从事劳动的范围，按劳动部规定执行。

9.2.10　禁止安排已婚未育、怀孕和哺乳的女职工从事生产和使用明显危害女性生理机能的有毒物质作业、超过卫生防护要求的作业及影响下一代的健康工作。

9.3　职业病预防与管理

9.3.1　棉纺织企业在招收新从业人员必须进行就业前的体格检查，患有禁忌症者不得从事有毒有害作业。

9.3.2　棉纺织企业应按国家规定，对有毒有害工种的从业人员发放保健津贴。

9.3.3　经常接触粉尘的从业人员应每年进行健康体检。

9.3.4　棉纺织企业对有毒有害工种的预防工作，应按《中华人民共和国职业病防治法》的规定执行。

9.3.5　棉纺织企业应建立从事有毒有害作业人员的健康档案。实行"一人一档""一人一卡"制，定期对作业人员进行健康检查、登记。发现有禁忌症，应及时调离原工作岗位。

9.3.6　从事有毒有害工种的作业人员应按规定享受脱岗疗养，对体检或医疗所占用的工作时间一律按出勤计算。对职业病患者，一般病情每年检查一次，特殊病情例外。

9.3.7　定期测定作业环境的有毒有害浓度，对超标的尘点、毒点、应制订治理计划并予以实施。

9.3.8　对有毒有害作业场所的防护设施进行定期检查和维修，保障有毒有害作业点的作业人员的身体健康。

9.3.9　凡出现急性职业病和急性职业中毒应在诊断后十四小时内报告有关部门，并进行现场调查，找出中毒原因，防止中毒事故的继续发生。慢性职业中毒和慢性职业病应在7天内会同有关部门进行调查，提出改进措施，并进行登记。

9.3.10　定期对从事有毒有害作业人员防尘、防毒的知识宣传工作，听取防尘防毒的改进意见。

10.防火安全

10.1　消防管理职能

10.1.1　棉纺织企业应当落实逐级消防安全责任制和岗位消防安全责任制，明确逐级和岗位消防安全职责、消防安全责任人，按规定设立消防管理职能部门，配足、配齐消防专兼职人员，经培训考试合格后，方可任职。

10.1.2　棉纺织企业应当落实本单位日常的消防安全管理工作，建立健全各项消防安全管理规章制度；组织应急预案的制订和演练；对从业人员进行消防宣传教育和岗位消防安全操作规程的培训。

10.1.3　棉纺织企业应当负责本单位的消防设施器材和维护工作，检查本单位的火灾隐患，制止违章作业，督促火灾隐患的整改工作。

10.2　重点防火部位及防范要求

10.2.1　棉纺织企业必须将容易发生重大火灾，严重危及人身和财产安全以及对社会有重大影响的部位确定为消防安全重点部位，建立每日巡查制度，落实严格管理。

10.2.2　火灾危险性大的部位——氧、乙炔气瓶库房、易燃易爆和危险物品仓库、化验室、木工房（车间）。

10.2.2.1　棉纺织企业的易燃易爆、危险物品防火安全管理必须符合《危险化学品安全管理条例》的规定。危险化学品的储存应符合《常用危险化学品储存通则》的要求。

10.2.2.2　储存易燃易爆危险物品场所的电气装置必须符合国家规定的防火防爆要求。

10.2.2.3　危险物品要分类储存，专库存放，不准混存，超存和露天存放。

10.2.2.4　氧气、乙炔瓶不能同储一室，空瓶、实瓶应分开，气瓶库周围10m内禁止堆放易燃易爆物品和动用明火。

10.2.2.5　气瓶库应通风、干燥，防止雨（雪）淋、水浸，避免阳光直射，库（储存间）内不得有暖气、水、煤气等管道通过，不准有地下管道或阴沟。

10.2.2.6　易燃易爆、危险物品的使用应有专人负责，设定使用范围，限量领用。对特别危险和有毒物品要严格管理，必须实行两人管理，两本账、两把锁、两人领发，两人使用。

10.2.2.7　易燃易爆、危险物品库房应设有降温和通风措施，库内温度不得超过30℃。气温超过30℃以上时，9：00至16：00应停止装运和收发货。

10.2.2.8　盛装易燃、易爆、易挥发的危险物品的容器不准敞口，不准用塑料容器盛装。开启金属容器时，应使用铜质工具，不得使用黑色金属工具作业。

10.2.2.9　地下室或半地下室严禁储存气瓶及易燃易爆物品。

10.2.3　要害部位——变配电室、锅炉房、通信设备机房、微机房、档案室、资料室、水泵房。

10.2.4　物资集中部位——原料、成品、半成品仓库，机、物料仓库。

10.2.5　火灾、棉尘爆炸易发部位——生产场所的清花车间、梳棉车间、滤尘室及风道。

10.2.5.1　清花、梳棉作业场所和滤尘室的建筑耐火等级不低于2级，生产车间防火区分隔应符合《建筑设计防火规范》的要求。

10.2.5.2　滤尘室应单独设置，不应设在生产中心部位，且周围不得存在易燃化学物品，室内不得堆放杂物和使用易燃的分隔和装饰材料。

10.2.5.3　可燃材质车间屋面顶板应无缺损、无缝隙。车间内不得吊设易燃、可燃材质的吊平顶，吊平顶内不得敷设电缆、电源线路，并保持清洁无积花。

10.2.5.4　通风管道、地弄（吸）、尘笼袋等应保持清洁，内外无积花絮。

10.2.5.5　生产场所内应实行定置管理，通道、安全出口不得堵塞、封闭，应保持畅通；主通道宽度不得小于1.4m。

　　10.2.6　人员聚集场所——职工俱乐部、集体宿舍、食堂。

　　10.2.6.1　职工俱乐部、集体宿舍、食堂等人员密集场所，通道和安全出口应保持畅通，不得将疏散门封堵、上锁。

　　10.2.6.2　集体宿舍内生活餐饮用火应严格管理，定点集中，统一使用。不得使用煤油炉、酒精炉、取暖火炉和明火电炉。

　　10.2.6.3　集体宿舍内电源线安装应规范，不得乱拉乱接。

☞ 思考题

1.为什么说纺织业是我国重要的民生产业与支柱产业？

2.查阅资料，了解我国纺织工业"十二五"发展的主要目标是什么。

3.从外观、手感上比较棉、毛、丝、麻制品的特点。

4.比较梭织物、针织物的特点及主要应用场合。

5.查阅资料，找出纺织品主要分哪些大类，各举1～2种典型产品。

6.查阅资料，了解合成纤维"七大纶"的主要特点。

7.查阅资料，了解有哪些新型纺纱技术，并说出它们的特点。

8.查阅资料，了解新型织机有哪些种类，并说出它们的特点。

9.分类搜索知名纺织企业、纺织网站。

学习情境三　职业与专业认知

主要内容

- 纺织业的职位及工作任务
- 专业历史沿革
- 专业构成与培养目标
- 课程体系及学习资源

一、纺织业的职位及工作任务

纺织工业是我国国民经济的传统支柱产业和重要的民生产业，也是国际竞争优势明显的产业，在繁荣市场扩大出口、吸纳就业、增加农民收入、促进城镇化发展以及促进社会和谐发展等方面发挥了重要作用。进入21世纪以来，我国纺织工业快速发展，形成了从上游纤维原料加工到服装、家用、产业用终端产品制造不断完善的产业体系。

不断完善的职业体系为各位纺织界人士提供了众彩纷呈的就业机会，如产品设计、工艺管理、生产现场管理、质量管理、计划调度、跟单、采购、推销等各种职业。当我们在选择一个职业机会时，应当考虑多方面的因素，如个人情趣、身体状况、社会背景及其职业前景等。其中个人情趣、身体状况、社会背景等因素与个人的成长经历密切相关，当一个人在面对职业选择时，这些因素已是既成事实，难以改变，而职业前景却会因人而异、因势而变。

"凡事预则立，不预则废"的道理告诉我们，在人生职业生涯的发展历程中，人们首先应为自己确定一个人生目标，为了实现自己已定的人生目标，人们必须制订相应的实施计划和实施方案，并确定阶段性目标，这样才能让自己在努力奋斗的过程中把握好前进的方向，即便遇到困难与挫折，也不会失去学习、工作和生活的动力，也只有这样，才能为日后的成功奠定基础，提供保证。这种为自己的职业发展规划目标，制订实施计划和实施方案并付诸实施的行为即"职业生涯规划"。

对高等职业院校的学生而言，正处在对职业生涯的探索阶段，这一阶段对职业的选择，对职业院校学生今后职业生涯的发展有着十分重要的意义。因此，选择一个适合自己的"职业发展规划目标"便是当务之急，对纺织专业的高职生而言，要为自己的"职业发展规划目标"做出正确的选择，首先必须认识纺织业的职位和工作任务。

（一）纺织业的职业阶梯

所谓职业阶梯，就是指在社会职业群中，随着从业者综合素质及能力的不断提高，阶段性地从低位职业向高位职业发展，取得事业上的成功，实现人生价值所必须经历的阶梯形职业发展道路。

首先来了解一下纺织企业组织架构的大致情况，如图3-1所示（以某纺织股份有限公司内部组织机构为例）。

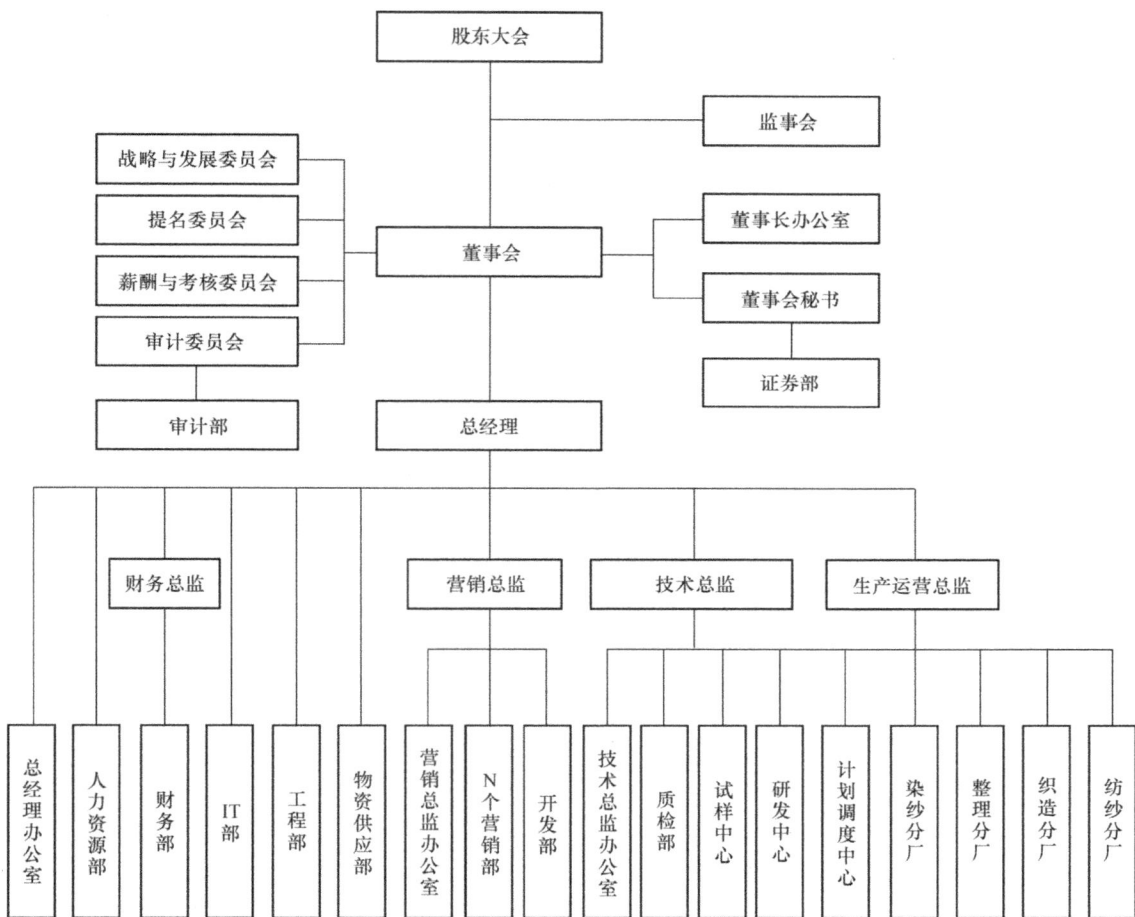

图3-1　某纺织股份有限公司内部组织架构

在此架构图中，对纺织技术类专业的毕业生而言，与专业对口的工作通常有以下三条线：纺织生产运营、技术管理与开发、纺织品营销。

根据企业的实际情况，员工的职务变动发展可分为晋升和轮岗两种形式。其中，晋升是常见的职业发展形式，其发展过程是一个爬阶梯的过程，员工总是在能力达到一定水平后，才能上升到一个更高的职务，这种形式比较常见。

轮岗则是指员工从一种工作岗位平行轮换到另一种工作岗位，通过接触方方面面的工作使自己的综合工作能力得以提高，这一般取决于员工的职业兴趣变化或企业的岗位需要，这在职业发展中也时常出现。这种轮岗的职位发展形式发展到一定阶段时，最终通常还会以职位的晋升来体现。

随着组织机构的扁平化趋势，组织的下层空间越来越大，而上层空间越来越小，大量有才干的中、低层人员得不到提升。因此企业必须提供工作丰富化、改变观念及方法创新或逐步让员工分享组织秘密等方式来实现员工的职业发展。一般来说，这种方式对创造型、自主型的员工比较适用。但目前国内的普遍观念还是把职务升迁等同于职业发展的成功，不提升就意味着职业发展的失败或受挫，因此，当管理者在采用此方式时需要及时修正员工的这种传统观念。

根据我国目前纺织类专业毕业生对口就业主要从事工作的情况，他们的职业发展路径通常为晋升型，具体发展路径可归纳为以下四种典型情况。

1. 生产运营型工作人员的职业阶梯（图3-2）

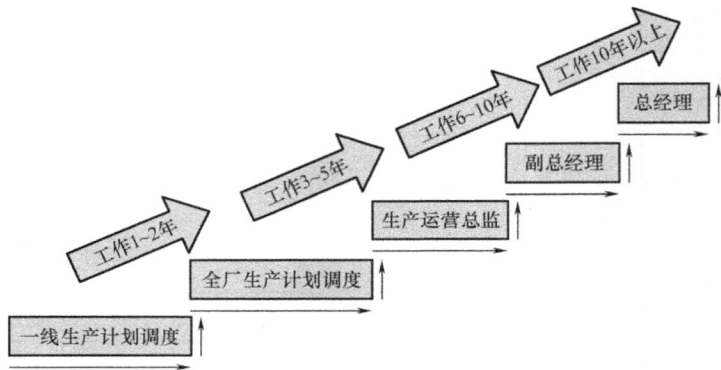

图3-2　生产运营型工作人员职业阶梯

生产运营工作人员主要负责对生产进行统筹安排，确保生产流水线正常运转，并按期交货。毕业生在就业初期，缺乏实际工作经验，对新的工作环境比较陌生，对生产的品种不熟悉，对各道工序的生产能力及前后道生产工序的衔接难以把握，生产运营的管理能力受到极大限制。因此，毕业生在就业初期，一方面要深入生产一线，多了解本厂的常规生产品种及其正在生产品种的特点和生产难度，向一线工作经验丰富的工作人员多了解不同品种的产量及其机台适用情况等；另一方面，毕业生更应注重综合利用自己所学的专业知识，解释自己所观察和了解到的工厂在实际生产过程中出现的各种问题及实际现象，从而起到触类旁通、举一反三的良好作用，只有这样，毕业生才能利用所学的专业知识与技能为工厂提供更优质的技术服务，同时也让自己的专业优势得到更大的发挥，然后让自己在新的空间里有所上进、有所总结和锻炼，从而获得更大的发展空间和更多的实践机会，由此让自己生产运营管理的素质与能力得以提高并进入良性循环。

2.产品研发型工作人员的职业阶梯（图3-3）

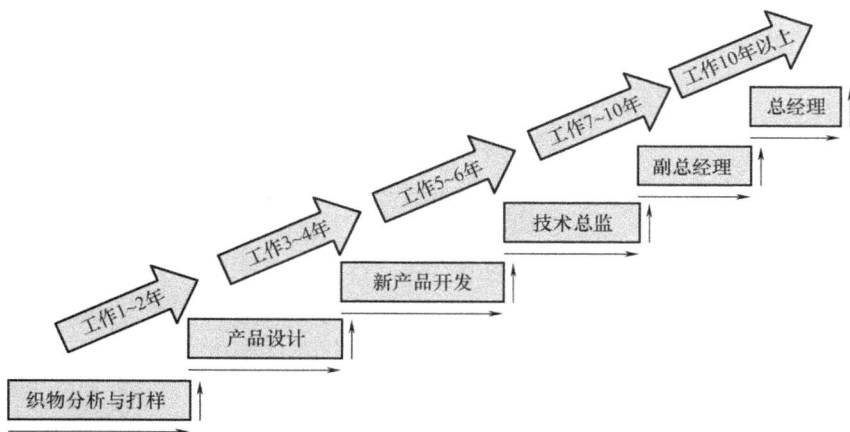

图3-3　产品研发型工作人员职业阶梯

产品研发型工作人员主要从事新产品流行色、流行趋势等多方位的调研，同时结合新材料、新技术的应用，研究或确定新产品设计目标，完成新产品工艺设计及其新产品的试制工作。毕业生就业初期，由于不了解工厂的实际生产条件及不同产品在实际生产过程中各道工序的变化情况，对不同品种的风格特征及其相应的生产工艺流程也不熟悉，产品设计能力会受到很大限制，因而造成所设计的产品工艺质量较差，其主要表现有两个方面：

①根据其设计的产品工艺安排生产，部分生产工序生产难度较大或根本无法实现，生产不能顺利进行；

②根据其设计的产品工艺安排生产，获得的成品与设计目标，在产品规格、风格等方面相差甚远。为了尽快适应产品研发人员的工作，毕业生在就业初期，应多了解和熟悉企业产品的特征，深入生产一线，收集、比较、归纳总结不同产品在实际生产过程中工艺数据的变化趋势及其影响因素，在跟踪实际生产的过程中，还应更加注重利用所学的专业知识和技能分析处理生产过程中出现的各种问题与现象，除此以外，产品研发人员还要不断学习，开阔视野，吸纳新知识、新技术，了解新产品的流行趋势、市场信息等，从而让自己的产品研发能力得以提高，为企业生存注入新活力，为企业创造更多的利润，同时也为自己提供更为广阔的发展空间。

3.工艺质量管理工作人员的职业阶梯（图3-4）

在纺织企业，工艺和质量往往有着密不可分的关系，因此，工艺管理和质量管理通常由同一个人担任，工艺质量管理工作人员的主要工作任务是负责产品工艺能够按要求上车，并负责检查和处理所有生产过程中出现的可能影响产品质量的问题，当质量问题出现或生产的顺利性发生波动时，要及时分析问题产生的原因并提出具体的解决方案。毕业生就业初期，作为工艺质量管理工作人员，首先应掌握上机工艺的制定方法和检查工艺上机质量的方法，

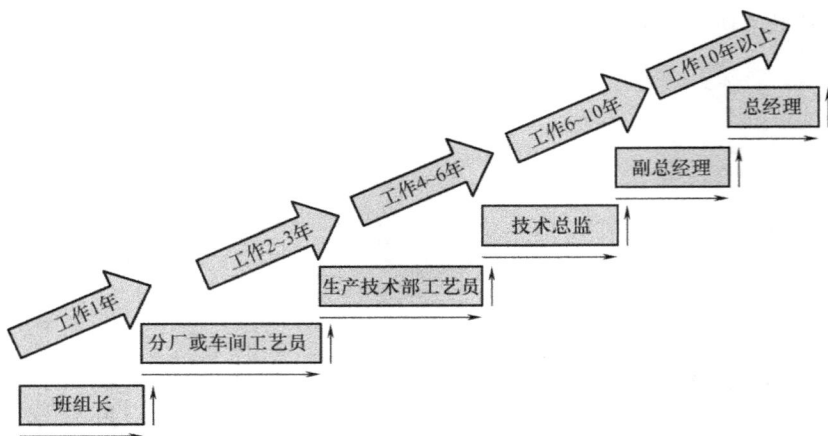

图3-4　工艺质量管理工作人员职业阶梯

此外还必须投入更多的时间和精力深入生产一线，了解和分析所有可能影响产品质量的机械工艺因素及其他各方面的因素，并掌握相应的解决措施，对初次涉及此项工作的毕业生而言，更重要的还是应该将自己所学的专业知识和技能与实践相结合，让自己分析问题和解决问题的能力大幅提高，并不断总结和提炼工艺质量管理的经验，这样才能让自己的工作才能在更大的空间发挥，从而为自己的职业成长提供更多的机会。

4.营销工作人员的职业阶梯（图3-5）

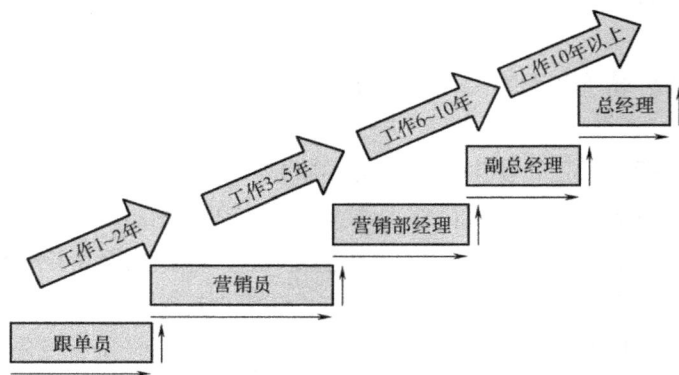

图3-5　营销工作人员职业阶梯

在纺织行业，营销人员的主要工作是负责纺织产品的宣传推介及销售。营销人员要想做好产品的宣传推介工作，就应该很好地了解产品特色、使用特点及其客户需要，这样才能实现双赢；要想做好销售工作，营销人员除了需要向客户成功推介产品，还要与客户洽谈价格、交货期等方面的内容，这就要求营销人员还应大致了解产品的生产周期、生产能力、生产难度等。很显然，"很多人认为做好销售工作只要凭借一副好口才"是一个错误的观点。从职业能力的角度来看，好口才只是为个人的交流沟通能力提供了优厚的先天条件，而在市场竞争如此激烈的现代社会，做好营销工作必须要以一定的专业知识和能力做铺垫。毕业生就业初期，由于不了解工厂的实际生产情况，对不同产品的风格特征、生产的难易程度、生产周期等不熟悉，营销能力会受到很大限制。为了尽快适应营销人员的工作，毕业生在就业初期，应多了解和熟悉企业产品的特征，深入生产一线，收集、比较和归纳总结不同产品的生产工艺流程、生产难度及各道工序的生产能力等，在此过程中毕业生应特别注重实践经验与所学专业知识和技能的有机结合，从而达到举一反三、融会贯通的效果，通过自己不懈的努力，毕业生才能成为一名合格的营销人员，利用好企业提供的资源和空间，然后在新的空间有所上进、有所总结和锻炼，获得更大的发展空间，从而得到更多的实践机会。

（二）职位及工作任务

根据我国目前纺织专业毕业生对口就业主要从事工作的情况，其职业发展路径可归纳为以上四种典型情况。在不同的发展阶段，他们分别承担着不同的工作任务，现按照四条职业发展路径，分别对不同发展阶段工作人员的主要工作任务做一简要说明。

1.生产运营型工作人员工作任务

（1）一线生产计划调度人员的工作任务：

①根据厂部生产计划的要求，合理调度和安排车间内不同品种上机的先后顺序，确保全厂生产计划进度如期完成。

②合理安排机台，确保生产顺利进行及生产流水线的正常运行。

③做好车间生产记录的统计，包括各轮班生产的品种、产量、质量等。

④做好劳动纪律的管理和记录统计。

⑤与前后道车间密切联系，真正体现"下道向上道及时反馈，上道为下道服务的"前后道管理理念。

（2）全厂生产计划调度人员的工作任务：

①根据订单需要，合理下达原料采购计划。

②根据订单需要，并结合本厂实际情况，合理安排并下达各生产部门的生产计划。

③做好原料、半制品、成品统计，以便减少库存，或督促仓库储存推陈出新，防止产品长期积压造成浪费。

（3）生产运营总监工作任务：

①检查和督促各生产部门如期执行生产计划，确保如期交货。

②检查和协调各生产运营部门的工作，确保全厂生产正常运行。

③检查督促各部门生产质量的提高。

④协助解决生产过程中的疑难问题。

（4）副总经理（主管生产）工作任务：

①贯彻和监督执行国家有关政策、企业规章制度以及企业的各项相关决议。

②制定企业产品研发及质量管理目标，促进企业发展。

③拟定生产部门及其工作人员管理制度，并提交总经理室或厂长室审议。

④建设和培养素质高、技能过硬的生产管理和产品研发人员队伍。

⑤根据各生产部门的工作业绩，结合企业相关规定，实施奖惩，激发生产部门全体人员的工作积极性和创造性。

⑥组织和协调各生产部门之间及其与相关工作部门之间的工作关系，保持良好的工作氛围。

⑦完成厂长或总经理交给的各项工作任务。

2. 产品研发型工作人员工作任务

（1）织物分析与打样人员工作任务：

①在规定时间内，准确分析织物的组织、原料、纱线、经纬密等工艺数据。

②根据工艺分析的结果，制定手织样工艺。

③根据样布分析结果，进行纱线准备。

④按照手织样工艺，在小样织机上织出符合工艺要求的手织样。

（2）产品设计人员工作任务：

①根据生产要求进行来样设计或仿样设计。

②向各生产车间下达产品分工艺，并说明特殊要求。

③与车间管理人员相互协作，共同处理新产品试制过程中出现的疑难问题。

④跟踪、记录试验产品的实际生产情况，及时调整产品工艺，确保试样满足客户要求，并保证大货生产能够顺利进行。

⑤完好保存工艺资料。

（3）新产品开发人员工作任务：

①进行新产品调研，多方收集流行色、流行趋势等新产品信息。

②整理、归纳所收集的新产品信息，结合工厂的实际生产能力，确定新产品设计目标，完成新产品调研报告。

③根据新产品设计目标，完成新产品工艺设计。

④了解纺织新材料、新技术的发展形势，并积极应用，研发新产品。

⑤向各生产车间下达新产品分工艺，并说明试制过程的重点注意事项。

⑥跟踪、记录新产品试验情况，及时调整新产品工艺，确保实现新产品设计目标，并保证大货生产能够顺利进行。

⑦获取客户对新产品的反馈信息，调整和完善新产品工艺。

⑧完好保存新产品试验的工艺资料。

（4）技术总监工作任务：

①检查和督促各生产部门按质按量完成生产任务，确保产品质量的稳定性。

②检查和协调各生产部门的工作，确保全厂生产顺利进行。

③帮助车间解决生产过程中的疑难杂症。

④带领全厂技术骨干在设备、技术和管理等各方面开拓创新，为企业注入活力。

⑤督促各生产部门技术练兵，提高员工的技术熟练程度，从而提高产量和质量。

⑥关注纺织发展形势，积极消化吸收和引用新材料、新技术。

（5）副总经理（主管生产）工作任务：

①贯彻和监督执行国家有关政策、企业规章制度以及企业的各项相关决议。

②制定企业产品研发及质量管理目标，促进企业发展。

③拟定生产部门及其工作人员管理制度，并提交总经理室或厂长室审议。

④建设和培养素质高、技能过硬的生产管理和产品研发人员队伍。

⑤根据各生产部门的工作业绩，结合企业相关规定，实施奖惩，激发生产部门全体人员的工作积极性和创造性。

⑥组织和协调各生产部门之间及其与相关工作部门之间的工作关系，保持良好的工作氛围。

⑦完成厂长或总经理交给的各项工作任务。

3.工艺质量管理工作人员工作任务

（1）班组长工作任务：

①检查并确保本班组能够按工艺要求上机。

②检查本班组的半成品或成品质量，发现问题，及时解决，遇到疑难问题要及时与上级工艺管理人员联系，防止产品出现大批质量问题。

③根据本班组组员的实际情况，合理分工，调动组员的积极性。

④带领班组成员，保质保量地完成生产任务。

（2）分厂或车间工艺员工作任务：

①根据原料、品种的变化，调整上机工艺，并向轮班下达。

②检查本部门的工艺执行情况，发现问题，及时纠正。

③分析处理生产过程中的技术问题，指导生产人员操作，遇到疑难问题，及时与部门负责人或上级工艺管理人员联系，防止车间出现大批质量问题。

④参与设备的调试与验收。

⑤完好保存本部门的上机工艺资料。

（3）生产技术部工艺员工作任务：

①研究开发并不断完善各种产品的生产工艺及其工艺流程。

②根据产品总工艺的要求，设计产品分工艺，并向各生产车间下达。

③检查生产车间的工艺执行情况，发现问题，及时与车间沟通，确保半制品及成品质量。

④协助生产车间及时处理各类生产技术问题，遇到疑难杂症，及时与部门负责人联系，确保全厂生产顺利进行。

⑤完好保存产品的工艺档案。

（4）技术总监工作任务：

①检查和督促各生产部门按质按量完成生产任务，确保产品质量的稳定性。

②检查和协调各生产部门的工作，确保全厂生产顺利进行。

③帮助车间解决生产过程中的疑难杂症。

④带领全厂技术骨干在设备、技术和管理等各方面开拓创新，为企业注入活力。

⑤督促各生产部门技术练兵，提高员工的技术熟练程度，从而提高产量和质量。

⑥关注纺织发展形势，积极消化吸收和引用新材料、新技术。

（5）副总经理（主管生产）工作任务：

①贯彻和监督执行国家有关政策、企业规章制度以及企业的各项相关决议。

②制定企业产品研发及质量管理目标，促进企业发展。

③拟定生产部门及其工作人员管理制度，并提交总经理室或厂长室审议。

④建设和培养素质高、技能过硬的生产管理和产品研发人员队伍。

⑤根据各生产部门的工作业绩，结合企业相关规定，实施奖惩，激发生产部门全体人员的工作积极性和创造性。

⑥组织和协调各生产部门之间及其与相关工作部门之间的工作关系，保持良好的工作氛围。

⑦完成厂长或总经理交给的各项工作任务。

4.营销工作人员工作任务

（1）跟单员工作任务：

①跟踪、记录并督促订单的生产进度，确保按期交货。

②跟踪、记录订单的生产质量，发现问题，及时与生产部门沟通，确保订单的生产质量符合客户要求。

③及时向部门领导汇报订单的生产情况。

（2）营销员工作任务：

①维护好与老客户的关系，同时还要开发新客户，开拓新市场。

②向客户推介企业开发的新产品，收集客户关于新产品的反馈意见，并及时向产品开发部门反馈，便于新产品的改进与完善。

③关心并收集市场信息，为企业新产品的开发提供参考依据。

④在维护客户与企业双方利益的前提下与客户进行订单洽谈。

（3）营销部经理工作任务：

①带领全体营销人员，维护好优质客户与企业的关系，稳定和巩固已经占有的市场，同时积极开拓新市场。

②关心并收集新产品信息，积极参与企业新产品开发。

③参与企业年度销售目标的制定，分解落实企业的年度销售计划，确保总体销售目标的实现。

④与客户进行订单洽谈，并根据企业授权与客户签订销售合同。

⑤做好营销部门的管理工作。

5.总经理的工作任务

总经理的工作任务有：

①贯彻执行国家政策及企业章程。

②制定企业规章制度，确定下属主管的分工与职责，全面组织领导企业的经营管理，

全面掌握生产、经营、运作情况，改善生产技术条件及经营方式，合理调配人力、物力、财力，努力完成生产、经营指标或工作计划，不断提高经营管理水平和经济效益。

③编制企业发展计划、发展战略和年度各项经营指标，确定劳动工资、奖金、利润分配方案和会计预算报表及财务报告。

④决定调整企业的组织机构、人员编制，总经理决定副职的考核任免，各副总完成厂长或总经理交代的各项工作任务同时决定主管部门员工的招聘、辞退、晋升、奖罚免职和员工工作积极性的调动，决定资金的运用、员工的奖金、福利和业务费的开支。

⑤审批企业的人员编制、财务开支、配件采购、人员培训、设备更新等重大计划。

⑥协调企业与公安、工商、税务、交通等各方面的关系，建立良好的外部环境。

⑦积极抓好企业的文化建设，使员工的观念、形象、素质都能跟得上企业发展的需要。

⑧努力创建一流的企业品牌，一流的企业形象。

二、专业沿革

（一）学院的历史沿革

江苏工程职业技术学院的前身为近代著名实业家、教育家、清末状元张謇先生于1912年采取"厂中校、校中厂"形式创办的我国第一所纺织职业学校——南通纺织专门学校，历经"南通纺织企业纺织专科学校""江苏省南通纺织工业学校"等办学阶段，1999年经教育部批准，独立升格为"南通纺织职业技术学院"，2014年6月更名为江苏工程职业技术学院。

学院现设有纺染、服装、艺术、机电、商贸、建筑、航空、继续教育等七个二级学院和一个素质教育部，学院紧扣纺织服装产业链和适应区域经济发展需要，开设了50多个专业（含专业方向）。学院全日制在校学生近万名，教职工近700名，其中专任教师近500名。专任教师中副高以上职称教师比例达33.1%，"双师"素质教师比例达75.2%，基本形成了一支能够适应高职教育教学需要的师资队伍。

学院坚持"以质量求生存，以特色谋发展"，在教育教学改革、党建、两个文明建设中取得了显著成绩，先后荣获"全国职业教育先进单位""全国纺织教育先进单位""江苏省职业教育先进单位""江苏省高等学校思想政治教育工作先进单位"等一系列荣誉称号。学院2006年以"优秀"成绩通过教育部高职高专人才培养水平评估，2007年被确定为"江苏省首批示范性高职院校建设单位"。2008年被确定为"国家示范性高职院校建设单位"。2011年通过了国家示范性高职院校建设验收。

学院秉承张謇先生"学必期于用，用必适于地""实业与教育迭相为用"的办学理念，坚持以毕业生就业为导向，努力探索、大胆实践教育教学改革，与时俱进，大胆创新，形成了具有鲜明高职教育特色的"知行并进，学做合一"工学结合人才培养模式。

（二）纺织技术类专业的历史沿革

江苏工程职业技术学院的纺织教育具有悠久的历史。自1957年学校恢复办学以来，纺织类专业一直是学校的主干专业，至今已有五十多年的历史，培养的毕业生已超过6000人。自1999年升格后，根据人才市场需求调查分析，于2000年在全国率先将传统的纺织专业改造为纺织技术类专业，设纺织工艺、纺织品设计、纺织品检测与经贸等三个专业方向，本专业名称被首批列入教育部高职高专专业目录，并于2001年被列为教育部第二批高职高专教学改革试点专业。2002年，被列为教育部首批高职高专教育精品专业建设项目。2008年被列为国家示范性高职院校重点建设专业。2011年通过示范建设验收，取得了丰硕的成果。

通过多年的教学改革实践，初步形成了具有本专业特色的"四共享"校企合作机制下的"五融合"的工学结合人才培养模式，如图3-6所示。与有着相同历史渊源的大生集团就专业建设、课程改革、人员互聘、技术开发和服务等领域开展了全方位、深层次合作，建立了人才共享、设备共享、技术共享、成果共享的"四共享"校企合作机制，实施了"教学场所与生产车间融合、学习过程与工作过程融合、教师与师傅融合、学生与徒弟融合、学生作业与实际产品融合"的"五融合"工学结合人才培养模式，并将这种校企合作模式在纺织行业的各类企业中推广。以工作过程为导向，构建了具有高职特色的纺织技术类专业课程体系，培养了一支专兼结合的高素质"双师"型教师队伍。建有设施优良、共享共建的校内外实训基地。多年来的教学改革探索与实践取得了很好的成效，自2003年以来，本专业学生在国内各级面料设计大赛、纺织品检测技能大赛上获得了优异的成绩，毕业生的就业率已连续八年保持100%，专业对口率在全学院占据前列，历年校内人才市场反馈的供求比例一直稳定在1:10上下。

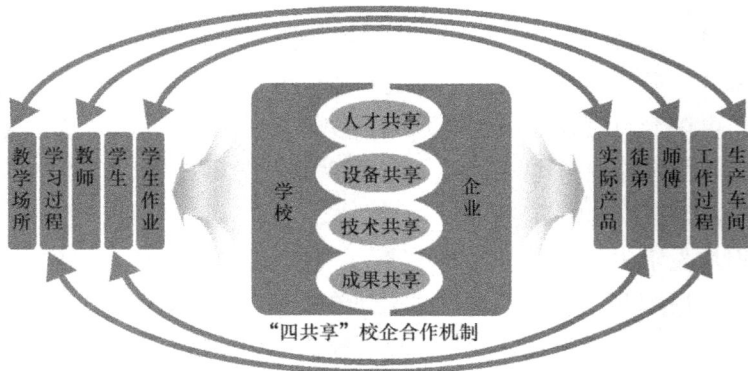

图3-6　纺织技术类专业人才培养模式

三、专业构成与培养目标

（一）专业构成

纺织技术类专业所涵盖的专业或方向见表3-1。

表3-1　纺织技术类专业（方向）构成

专业名称	专业（方向）
纺织技术类	纺织工艺（管理）
	纺织面料设计
	纺织品检验与贸易
	家纺工艺与营销（与营销）
	针织工艺与贸易（针织品设计）

（二）人才培养目标与定位

纺织技术类专业培养拥护党的基本路线、具有本专业的必备基础理论知识和专门知识、具备较强的从事纺织面料设计、纺织企业运营和生产技术管理、纺织原料与产品检测、纺织品营销等实际工作能力，适应企业的生产、管理一线需要的德、智、体等方面全面发展的技术技能型人才。

1.纺织工艺（管理）方向的培养目标与定位

毕业生主要面向纺织生产企业，从事纺织企业运营和生产管理、纺织原料与产品检测、纺织设备维护与管理、纺织工艺设计与实施和纺织产品质量控制等工作。

毕业生就业初期，能够胜任运转班组长、生产调度员、原料检验与选配员、纺织试验员、设备维护技术员、工艺设计员、品质管理员等基层技术与管理岗位工作；从业3～5年后，能胜任车间生产主管、设备主管、技术主管、试验室主管、品质主管等中层管理岗位工作；10年以后通过自身努力和经验积累，能胜任生产部长（厂长）、（正副）总经理等高级管理岗位工作。毕业后的岗位与职业生涯发展如图3-7所示。

图3-7　纺织工艺方向的岗位与职业发展

2.纺织面料设计方向的培养目标与定位

毕业生主要面向纺织企业，从事织物分析、小样试织、织物设计、新产品开发、生产技术管理等工作。

毕业生就业初期能胜任织物小样试织、车间工艺员、质量管理员等基层技术管理岗位工作；毕业后3～5年，能胜任产品设计员、新产品开发员等岗位工作；10年以后通过自身努力和经验积累，能胜任生产技术部部长或生产厂长等高级管理岗位工作。毕业后的岗位与职业生涯发展如图3-8所示。

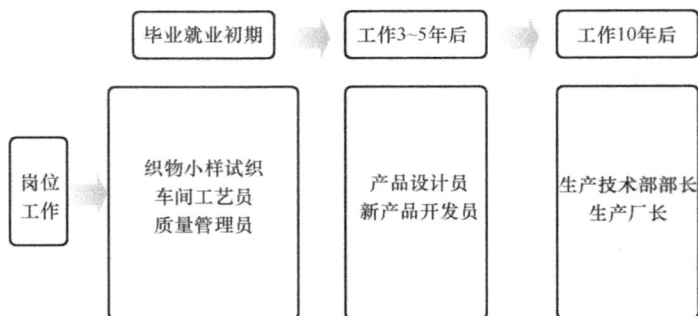

图3-8　纺织面料设计方向的岗位与职业发展

3.纺织品检验与贸易专业（方向）的培养目标与定位

毕业生主要面向纺织生产企业、检测机构、流通领域，从事纺织纤维检测、纱线性能与品质检测、织物性能与品质检测、纺织品生态与安全检测、纺织品贸易业务与跟单等工作。

毕业生就业初期能胜任纺织原料、纱线与织物检测、纺织品跟单员、接单员等基层技术管理岗位工作；毕业后3～5年，能胜任纺织品检测主管、贸易公司部门经理等中层管理岗位工作；10年以后通过自身努力和经验积累能胜任检测机构高级主管、贸易公司高级主管等高级管理岗位工作。毕业后的岗位与职业生涯发展如图3-9所示。

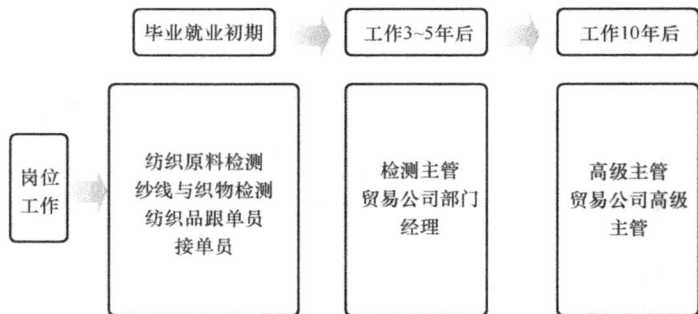

图3-9　纺织品检测与经贸方向的岗位与职业发展

4.家纺工艺与营销方向的培养目标与定位

毕业生主要面向家纺产品生产或销售企业，从事生产工艺设计、产品检测和产品销售等工作。

毕业生就业初期可在家纺企业从事生产现场操作或辅助管理等工作，实习期满后，可担任家纺产品生产工艺员岗位，进行家纺产品生产工艺设计，或在质检部门承担家纺产品质量管理与监督工作，或在家纺产品门店或渠道部门承担产品销售与管理工作；从业3～5年后，可以在产品开发部门担任家纺新产品开发或生产线长管理等工作；10年以后根据学生个人发展情况，可担任工段主管职位，负责该工段的全面管理工作。毕业后的岗位与职业生涯发展如图3-10所示。

图3-10　家纺工艺与营销方向的岗位与职业生涯发展

5.针织工艺与贸易（针织品设计）方向的培养目标与定位

毕业生主要面向针织品生产和流通企业，从事针织产品分析、设计与开发、生产工艺制定、质量检测与控制、产品贸易与跟单、企业运营管理、设备调试与维护等工作。

毕业生就业初期可胜任原料及产品检测、针织产品工艺分析等岗位；从业3～5年后，能胜任产品工艺制定、生产管理、贸易跟单等岗位工作；10年以后通过自身的工作锻炼和经验积累，能担任生产厂长、生产技术部部长、经理等高级管理职务。针织工艺与贸易方向的岗位与职业发展如图3-11所示。

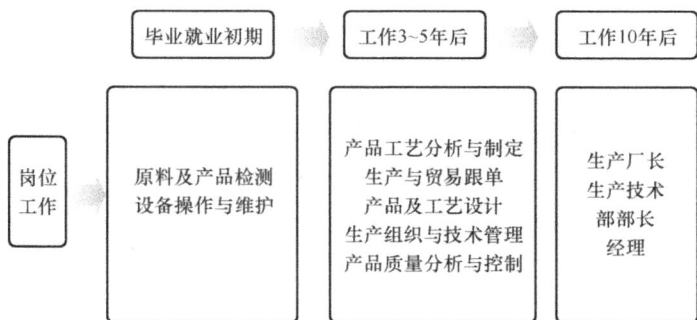

图3-11　针织工艺与贸易方向的岗位与职业发展

（三）综合职业能力要求

综合职业能力包括专业能力和专业之外的能力。专业之外的能力又称为关键能力，包括方法能力和社会能力两个方面。

1.方法能力要求

①具有通过网络、文献等不同途径获取信息并进行信息处理的能力。

②具有独立学习获取新知识和新技能的能力。

③具有运用已获得知识、技能和经验独立分析和解决问题的能力。

④具有一定的数字应用能力。

⑤具有一定的自我控制、管理及评价能力。

2.社会能力要求

①具有良好的道德操守，遵纪守法，社会责任感强。

②具有良好的职业道德，爱岗敬业、踏实肯干、勇于创新。

③具有健全的心理素质和健康的体魄，有较强的社会适应性。

④具有劳动组织和执行任务的能力。

⑤具有一定的语言文字表达能力。

⑥具有团队合作、沟通协调、人际交往能力。

3.专业能力要求

纺织技术类专业能力要求如表3-2所示。

表3-2　纺织技术类专业能力要求

专业方向能力	专业公共能力	◆能熟练操作典型纺织设备，并合理组织纺织运转生产 ◆能准确识别各种原料、纱线与织物，并进行定性或定量分析 ◆能准确描述纤维和纱线对织物风格与特性的影响 ◆能区分各种纺织机配件，并识别其规格及标识 ◆能分析纺织传动系统，并进行传动计算 ◆能识别纺织设备的基本电路图，能能安全用电 ◆能阅读翻译纺织产品和设备说明书，并能通过书面和口头进行简单的专业工作交流 ◆能简单介绍纺织染整各主要工序的工艺目的及其对织物风格的影响 ◆能根据纤维种类合理选用染化料 ◆能根据生产任务制订生产计划，并进行工艺、设备、运转操作等全面质量管理	
	纺织工艺（管理）	◆能熟练检测纺织原料和产品的性能，并评定其品质 ◆能进行纺纱设备与机织设备的保养、小修和大修 ◆能熟练分析织物的规格和组织，并能熟练进行小样试织 ◆能熟练根据纱线品种和要求选配原料 ◆能根据织物品种和要求选择纱线 ◆能熟练进行纺纱与织造上机工艺的设计、实施与检查 ◆能对纺纱、织造生产过程中的半制品质量进行分析控制 ◆能进行工艺文件的归档与管理
	纺织面料设计	◆能熟练分析织物的规格和组织，并能熟练进行小样试织 ◆能熟练进行纺织面料的来样设计、仿样设计和创新设计 ◆能根据产品工艺及市场情况核算产品成本 ◆能撰写产品设计任务书 ◆能根据产品总工艺制定各主要生产工序的上机工艺 ◆能有效跟踪和记录实际生产过程并根据实际生产情况调整与完善产品工艺 ◆能准确描述新产品的性能特征，并进行新产品推介

专业方向能力	纺织品检验与贸易	◆能独立分析检测任务单，并根据标准制订和实施检测方案 ◆能熟练进行纺织原料、纺织生产过程中的半制品及纺织产品性能的检测 ◆能熟练分析织物的规格和组织，并能熟练进行小样试织 ◆能检查监督实施过程并解决实施工作中的问题 ◆能在检测过程中控制误差并分析原因 ◆能用计算机出具规范的检测报告单 ◆能与客户洽谈与签订纺织品贸易合同 ◆能进行纺织品贸易跟单
	针织品设计	◆会分析针织产品组织结构 ◆会制定针织产品的生产工艺 ◆会将针织产品工艺上机实施 ◆能对针织生产设备进行维护 ◆能对针织产品的质量进行分析和控制 ◆能进行针织产品组织结构设计 ◆会制定针织服装样板与制作针织服装 ◆能进行针织产品设计与开发 ◆能进行针织产品的跟单与营销
	家纺工艺与营销	◆能独立操作家纺主要设备，并进行相关产品的生产制作 ◆熟悉各种常见家纺面料，能根据目标产品选择合适的家纺面料，并进行性能分析 ◆能制订翔实的家纺生产工艺单，并组织落实 ◆能检查监督工艺实施过程并解决实施过程中的各种问题 ◆熟知各种家纺产品疵点，能组织落实质量控制与管理 ◆会家纺产品陈列布置，能对导购员进行培训 ◆能进行家纺产品成本核算 ◆能结合市场，进行家纺产品的营销策划

四、课程体系

纺织技术类专业的课程体系由公共课程体系和专业课程体系构成。

（一）公共课程体系

阅读材料：大学生要先学会做人

　　重庆一家科技公司招聘的21名应届大学毕业生，不足三月其中20名本科生就相继"卷铺盖走人"了，唯一"幸存"的是一名女大专生。这些本科生被公司炒鱿的原因，并非他们的专业水平和工作能力不行，而是"修养不及格"。他们人生的第一份工作无一例外地"坏"在诸多小事上，如上班常迟到、工作时网聊、言语太张狂、犯错不认错等，这不能不令人遗憾和叹息。由此，人们不禁要问，4年大学他们都学会了什么？高校在"教书"的同时是否忽视了"育人"?

曾几何时,大学生贵如"天之骄子",人见人羡,如今"天之骄子"宛如"过江之鲫",人人争抢的"香饽饽"成了就业老大难。于是乎,骄子们为了获得一份工作而绞尽脑汁,花样百出,包装精美的个人简历,形形色色的考试证书,价格不菲的艺术照等等。高校也各出其招,各类就业指导课程走进课堂,甚至新生刚入学就要为四年后找工作做准备,几乎是一切为就业服务。然而,历经"九九八十一难"走进职场的骄子却又往往因品格修养缺陷令企业失望。一位做人事工作的朋友就如此形容其招收的大学生:"谦虚好学无踪影,死要面子不认错,吃喝玩乐冲在前,追求高薪频跳槽",所以他们招人慎之又慎,宁愿高薪招老手,也不愿聘用应届生。

初入职场的大学生为什么不会做人?这与其尚未适应社会人的角色、心理尚未成熟、社会经验浅、待人处事缺乏历练等主观因素有关,也与学校和社会"育人"教育的缺失有极大关系。以应试教育为主导的中小学教育,在分数竞争的重压下,学校没有在塑造学生良好的品德修养上花时间下工夫;学生进入大学后,面对强大的就业压力,高校更注重学生硬指标的培养,而忽视了品德道德方面的软教育,即使连各种就业指导课也缺乏对学生做人处事的指导。

先学会做人才能做好事,是职场的基本准则。要想在职场中发展,会做人是首要条件。然而,有多少初入社会的大学生能领悟此真理,又有多少人是栽了无数跟头后才吸取教训的。人生需要挫折,人生也经不起太多挫折,如果我们的学校能在大学生走进社会之前给他们上好这一课,那么这些骄子们也可以少走些弯路。

(资源来源:信息时报)

1.大学生应该具备的社会能力

(1)适应能力。大学生应该能和社会保持良好的接触,其思想和行动都应跟上时代的发展步伐。当发现自己的愿望与社会需要发生矛盾时,能够迅速进行自我调节,以求与社会协调一致。假如你不能改变你自己,那么你就去改变世界;假如你不能改变世界,那么你就去改变你自己。

(2)耐受能力。包括身体上和心理上的耐受能力。当身体遭受疼痛时,应尽量忍耐,转移自己的注意力便可缓解疼痛,否则对身体更加有害;当心理受到刺激时,应沉着冷静,调节自我。比如在自己遭受不公正待遇的时候,应该把眼光放得远一些,拥有充分的自信。"忍他人所不能忍",是成功人士必备的素质。

(3)控制能力。人必须能够控制自己,在一定的场合中说适当的话,做适当的事。如果不能自控,任意发泄情绪,必将给自己和周围的人带来伤害。

(4)知觉能力。生活在现代社会中,必须能够及时准确地感觉到身边的信息。只有掌握了所需要的信息,才可以与他人友好相处,正确安排行为去实现理想,最终实现自己的人生价值。

(5)思维能力。包括价值判断能力和逻辑推理能力,大学生必须保持清醒的头脑进行价值判断和逻辑推理,在生活、学习中才不至于走弯路。

（6）社交能力。大学生处在一定的社会关系中，是离不开人际交往的。和谐的人际关系是大学生心理健康不可缺少的条件，也是大学生获得心理健康的重要途径。

（7）康复能力。人的一生中，总是不可避免地要受到各种各样的伤害，如何调整自己，使自己尽快康复，是人们重新积极追求高质量生活必须得学好的。

2.大学生应该学习如何做人

（1）以一颗感恩和宽容的心对待他人。乐于看到别人对自己的"好"，看到别人有缺点的时候，立刻联想到自己也有同样的缺点。

（2）以自省和自律的态度对待自己。经常检讨自身的不足，每日三省吾身，在学习、工作、生活这三个方面对自己有严格的规定。

（3）具备吃苦耐劳、积极阳光、大方幽默、心智成熟的个性。闭上眼睛想一想，你最喜欢合作的人是哪种人？有创新思维的？有领导能力的？还是吃苦耐劳的？毫无疑问，每个面试官都会倾向于选择一个兢兢业业的候选人。积极阳光的个性，即使看一件坏事也能看到其积极的一面。比如说，谈到自私的同事的时候，告诉面试官自私是一种有效的自我保护手段，有时候会起到好的作用。我们不止一次听一些经理人说过：那个男孩子/女孩子大大方方的，而且特别好玩，就要他/她了！不再单纯天真得令人担心，不再以自我为中心，成熟可能是面试官最想看到的个性特征，尤其是对于应届毕业生。成熟其实是一个关口，在这个关口之前，一个人会把自我看得很大，经历了这个关口之后，自我会变得越来越小，而其他的东西会越来越大。比方说，婴儿是最不成熟的，是自我的，只要想吃喝拉撒就会理所当然地大声哭喊。在职场上，刚毕业的大学生是最不成熟的，他们张口闭口说"我"，并且感觉是理所当然的，比如，"我喜欢富有挑战性的工作""我具有领导能力"……然而，一个成熟的职场人，更多的时候会说"工作"，比如，"工作要求我应对挑战，我就会拼尽全力去应付""工作需要我领导一个项目的时候，我乐于承担任务并且有能力胜任；如果工作不需要我担任一个领导者，我会乐于做一个被领导者，因为，我是谁并不重要，重要的是，大家一起可以把工作做好。"

所以，成熟代表着把自我看得很小，而把职业精神看得很大。

为贯彻社会主义核心价值体系教育要求，本专业按照"基于社会生活过程"的开发理念，围绕学生未来积极参与现代社会生活所必需的知识、能力与素质要求，将典型社会生活情境（问题、情景、事件、活动、矛盾）转化为学习情境从而构成公共课程体系。由思想政治教育类、生活通识与通用技能类、身心健康类、审美与人文类、就业与创业类模块等构成，通过必修课与选修课两种修读方式交叉实施。必修课主要包括"入学教育""国防教育""毕业教育与入职准备"等15门课程。公共课程体系如图3-12所示。

（二）专业课程体系

1.纺织技术类专业典型工作任务

为培养学生过硬的专业能力，按照"基于工作过程"的专业课程开发理念，通过专业调研及召开实践专家访谈会，分析提炼出了本专业典型工作任务，构建了与核心职业技术相应的学习领域（核心课程）。本专业典型工作任务及描述如表3-3所示。

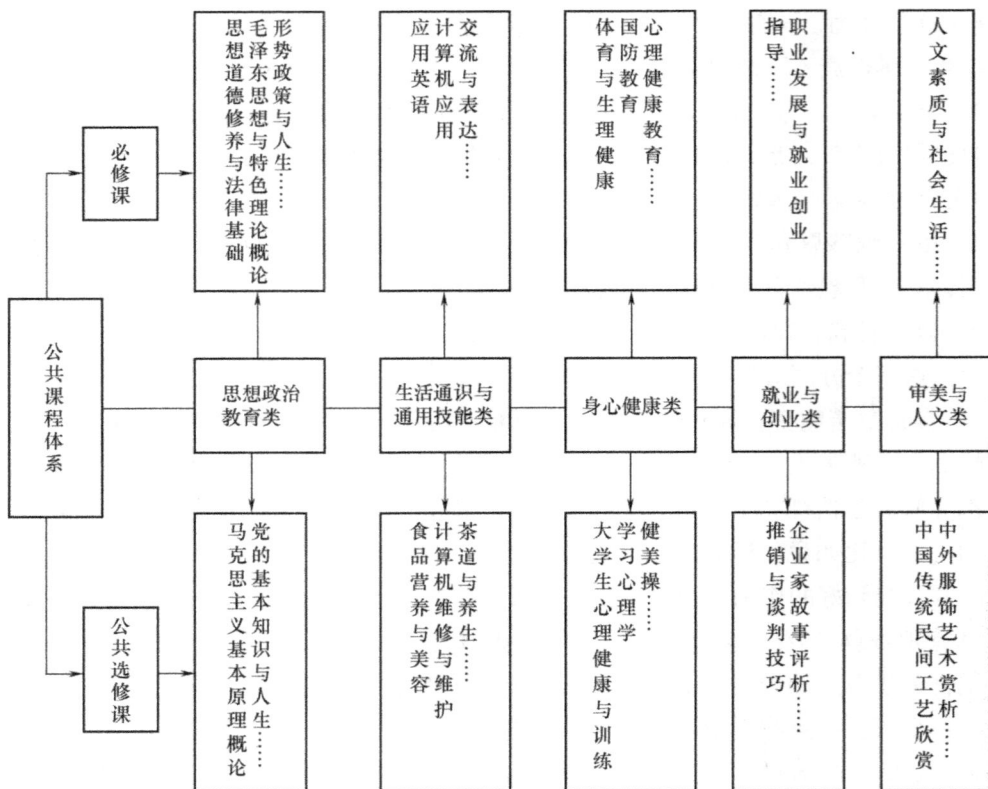

图3-12 公共课程体系示意图

表3-3 纺织技术类专业典型工作任务描述

典型工作任务	典型工作任务描述
纺织生产运转操作管理	根据生产任务需要，对生产现场进行合理调度与管理，及时发现和解决生产过程中出现的各种问题，并利用业余时间进行操作练兵，自觉保持安全作业
纺织原料与产品检测	检测纤维、纱线和织物的性能，对检测数据进行计算与分析，评定品质；对纤维材料进行定性与定量分析，并合理选用原料
纺织机电技术应用	维护和检修纺织设备基本电路并安全用电；分析纺织设备的主要传动系统，根据生产任务的需要进行工艺计算，并根据计算结果选用零配件
纺织英语交流与表达	阅读和翻译纺织产品及设备说明书，通过书面和口头形式与客户进行简单的专业工作交流
纺织品染整	根据原料情况合理选用染化料；根据织物的手感、外观风格特点等合理确定主要染整工序及主要染整工艺
纺织生产现场管理	根据生产任务的要求制订车间生产计划，并进行工艺、设备、运转操作等全面质量管理
纺纱设备保养与检修	按照设备维修、保养计划对纺纱典型设备进行拆装、保养操作，及时排除纺纱机械运行过程中的隐患，确保纺纱设备运行状态良好，并对所完成的工作进行记录存档

典型工作任务	典型工作任务描述
机织设备保养与检修	按照设备维修、保养计划对机织典型设备进行拆装、保养操作，及时排除机织设备运行过程中的隐患，确保机织设备运行状态良好，并对所完成的工作进行记录存档
纺纱工艺设计与质量控制	根据产品特点，合理选配原料，设计棉纺纱线的生产工艺，选配关键纺纱器材，下达工艺单。对实际生产过程进行监督检查，确保生产出符合要求的纱线
织物分析与小样制作	对机织物进行全面准确的分析，并根据织物特征制作上机图、合理选用钢筘、设计小样试织工艺等；熟练操作小样机，按要求制作小样
机织工艺设计与质量控制	根据织物的特点，合理制定织物的准织及织造生产工艺，并根据现有设备情况，合理选择机台；对实际生产过程进行监督检查，确保生产出符合要求的织物
棉织物设计	根据棉织物品种的风格特征及品质要求，经济合理地设计产品工艺，并下达分工艺设计单；对实际生产过程，能进行有效跟踪，并根据实际生产情况不断调整与完善产品工艺
毛织物设计	根据毛织物品种的风格特征及品质要求经济合理地设计产品工艺，并下达分工艺设计单；对实际生产过程，能进行有效跟踪，并根据实际生产情况不断调整与完善产品工艺
装饰类织物设计	用纹织CAD软件进行图案编辑及信息处理，合理设计大提花织物工艺，并合理选用机台和下达分工艺设计单；对实际生产过程，能进行有效跟踪，并根据实际生产情况不断调整与完善产品工艺
新产品开发与设计	根据流行色、流行趋势及市场需求，确定新产品开发目标，撰写新产品调研报告，并完成新产品设计及试制工作
原料与半制品检测	对生产过程中的纤维、纱线的性能、质量进行控制检测，对检测数据进行计算与分析，评定品质；对纤维材料进行定性与定量分析，并合理选用原料
产品性能检测	检测织物的性能、质量，对检测数据进行分析、计算、合理修约，出具检测报告，并对纺织品质量评等、评级
纺织品生态与安全性检测	按标准规定抽取试样，检测纺织品的安全性指标与生态指标，对检测数据进行分析、计算、合理修约，并出具检测报告
贸易业务接单与跟单	分析纺织品订单，落实订单的生产；跟踪各个生产环节的进度和质量；检验成品质量；控制和协调交货期并进行出货跟踪与售后服务
家纺面料、辅料及成品检测	对采购回来的面、辅料进行物理、化学性能的测试，形成书面报告，及时与产品设计部门沟通。对企业生产过程中的各项半制品进行质量检测，并及时反馈给工艺员及车间生产人员。对家纺成品进行质量检测，做好产品质量相关资料的存档、整理与保存
家纺面料设计	结合企业生产设备条件分析产品的生产可行性。根据企业生产设备以及相关技术资料，以经济的方式进行素织物、色织物或提花面料的生产工艺设计。生产过程中，及时发现质量问题，能够分析并解决
床品套件生产工艺设计	根据产品开发部门设计的床上用品，结合企业生产条件，进行相关的生产工艺设计。与车间生产人员沟通，落实上机工艺，并根据生产实际情况，及时调整不合理的工艺参数。配合车间轮班长，进行生产质量现场管理。对生产过程中的各项半制品及成品进行质量跟踪。完成床品生产工艺等资料的存档、整理与保存

典型工作任务	典型工作任务描述
室内装饰用品生产工艺设计	根据产品开发部门设计的室内装饰品，结合企业生产条件，进行相关的生产工艺设计。与车间生产人员沟通，落实上机工艺，并根据生产实际情况，及时调整不合理的工艺参数。配合车间轮班长，进行生产质量现场管理。对生产过程中的各项半制品及成品进行质量跟踪。完成室内装饰品生产工艺等资料的存档、整理与保存
针织设备操作与维护	根据专业设备的操作要求，在规定工时内以经济的方式，正确操作生产设备，完成生产任务，同时关注设备运转状况和产品质量，并能发现潜在问题，及时排除，保证设备的正常有效运转；在设备正常运转中做好机械方面的维护、小修或大修工作，并做好设备运转与维护记录
横编毛衫工艺制定与实施	根据订单指定毛衫或企业开发出的毛衫的规格、要求，及企业自有或外加工协作企业设备状况、技术水平，选择正确、合理的工艺流程，并在规定的时间内，按专业要求制定出各半成品制作工序的经济、易操作的生产工艺，形成生产工艺单，调试各生产设备，准确无误地完成毛衫的生产，并对生产中出现的工艺问题、设备问题或原料问题及时反馈
纬编面料工艺制定与实施	根据订单指定纬编面料或企业开发出的纬编面料的规格、要求，及企业自有或外加工协作企业设备状况、技术水平，选择正确、合理的工艺流程，并在规定的时间内，按专业要求制定出各半成品制作工序的经济、易操作的生产工艺，形成生产工艺单，调试各生产设备，准确无误地完成纬编面料的生产，并对生产中出现的工艺问题、设备问题或原料问题及时反馈
经编面料工艺制定与实施	根据订单指定经编面料或企业开发出的经编面料的规格、要求及企业自有或外加工协作企业设备状况、技术水平，选择正确、合理的工艺流程，并在规定的时间内，按专业要求制定出各半成品制作工序的经济、易操作的生产工艺，形成生产工艺单，调试各生产设备，准确无误地完成经编面料的生产，并对生产中出现的工艺问题、设备问题或原料问题及时反馈
针织产品开发	针织产品开发人员，根据企业发展目标，组织并完成市场调研、市场分析预测、完成产品策略，制订产品开发计划，与生产、技术与销售等相关部门协商，确定待开发产品的品种、结构、款式、原料、生产流程、加工工艺等，并组织人员完成样品的制作、评价与改进，确保产品的创新性、可操作性、经济性、完整性
针织产品贸易	针织产品跟单或营销人员，根据企业发展目标，结合市场趋势，与生产、计划与开发等相关部门协商，制订产品销售计划，并在规定的时间内，以经济的方式，分工完成营销方案、接单、跟单和产品的销售，同时做好产品的售后服务

2. 本专业学习领域（课程）见表3-4、表3-5。

表3-4 专业共性典型工作任务与学习领域（课程）一览表

序号	典型工作任务	课程名称/学习领域
1	纺织生产运转操作管理	纺织运转操作
2	纺织原料与产品检测	纺织材料检测
3	纺织机电技术应用	纺织机电技术
4	纺织英语交流与表达	实用纺织英语
5	纺织品染整	染整技术基础
6	纺织企业运营管理	纺织企业运营管理

表3-5　分专业方向典型工作任务与学习领域（课程）一览表

序号	典型工作任务	课程名称/ 学习领域
专业方向：纺织工艺（管理）		
1	纺纱设备保养与检修	纺纱设备维护
2	机织设备保养与检修	机织设备维护
3	纺纱工艺设计与质量控制	纺纱工艺设计与实施
4	机织工艺设计与质量控制	机织工艺设计与实施
5	纺织生产现场管理	纺织生产管理
专业方向：纺织面料设计		
1	织物分析与小样制作	织物分析与小样试织
2	机织工艺生产制定	现代织造技术
3	棉织物设计	棉织物设计
4	毛织物设计	毛织物设计
5	装饰类织物设计	大提花织物设计
专业方向：纺织品检验与贸易		
1	原料与半制品检测	纺织材料检测
2	产品性能检测	织物性能检测
3	纺织品生态与安全性检测	纺织品生态与安全性检测
4	贸易业务接单与跟单	纺织品经营与贸易
专业方向：针织品设计		
1	针织设备操作与维护	针织设备维护
2	横编毛衫工艺制定与实施	毛衫工艺设计与实施
3	纬编面料工艺制定与实施	纬编工艺设计与实施
4	经编面料工艺制定与实施	经编工艺设计与实施
5	针织产品开发	针织产品设计与开发
专业方向：家纺工艺与营销		
1	家纺面料、辅料及成品检测	家纺面料性能检测
2	家纺面料设计	家纺面料设计
3	床品套件生产工艺设计	床品工艺设计与实施
4	室内装饰用品生产工艺设计	家居装饰布艺配套设计与工艺实施
5	市场分析、市场推广、促销手段与分析	家纺产品成本核算与营销策划

详细课程安排见各年级各专业方向教学计划。

五、毕业要求

（一）社会化考试及职业资格证书考核要求

学生毕业时应获得相应的资格证书，如表3-6所示。

表3-6 毕业时应取得的证书

序号	考核项目	考核发证部门	等级要求	对接课程名称	考核学期	施教学期
1	英语等级考试	高校英语能力考委	3.5B	应用英语	1、2	1、2
2	计算机应用能力	教育部考试中心	一级	计算机应用	3	2
3	针纺织品检验工	人力资源与社会保障部（国家职业技能鉴定所）	中级	纺织材料检测 针纺织品检验工考工实训 织物性能检测	2	1、2
4	纺织工艺师	江苏省纺织职教集团	三	纺纱工艺设计与实施 机织工艺设计与实施 纺织工艺师考核实训	5	3、4、5
5	纺织面料设计师	人力资源与社会保障部	三	棉织物设计 毛织物设计 纺织面料设计师资格鉴定与考工实训 针织产品设计与开发	5、6	4、5
6	纺织品检验师	江苏省纺织职教集团	三	纺织材料检测 织物服用性能检测 纺织品质量分析与控制 纺织品检验师考核实训	5	2、3、5
7	家纺设计师	人力资源与社会保障部	三	织物分析与小样试织 技能证书专项实训	6	4、6

注 ①所有学生必须通过1、2和3考核项目的考试，并获得相应的资格证书。

②纺织工艺方向的学生可选考4考核项目。

③纺织面料设计方向的学生可选考5考核项目。

④纺织品检验与贸易方向的学生可选考6考核项目。

⑤家纺工艺与营销方向的学生可选考5或7考核项目中一项。

⑥针织工艺与贸易方向的学生可选考5考核项目。

（二）毕业所需总学分与学时要求

学生三年内完成培养方案规定的总学分才能顺利毕业，总学分由必修课学分和选修课学分组成。各专业方向毕业所需总学分与学时详见各专业方向教学计划表。计划表中所列课程为必修课，由公共文化课和专业课两大类课程构成。

选修课旨在针对学生所学专业和个人兴趣，完善知识技能结构，培养、发展兴趣特长和潜能。我院选修课分为专业选修课和全院公共选修课。其中，专业选修课大多为专业课程，是掌握专业知识的重要途径，一般只有本专业的学生可以选，修习的专业选修课一般不超过4学分；全院公共选修课分为身心健康类、生活通识与通用技能类、就业与创业类、公共艺术类和社科人文类共五类，每类修读以2学分为限。

全日制专科生在校学习期间，根据自己的特长和爱好，从事"第二课堂"学习活动和科研实践活动取得具有一定创新意义的智力劳动成果或其他优秀成果，经学校学分奖励评审委员会评审认定后授予一定的奖励学分。奖励学分的范围包括公开发表的作品、科技成果、发明创造、各类竞赛获奖、社会实践成果、课外文化活动等。具体按照《江苏工程职业技术学院学分奖励实施办法（修订稿）》执行。

六、学习资源

（一）师资队伍

江苏工程职业技术学院纺织技术类专业教学团队为江苏省优秀教学团队。现有专任教师28人，其中副高及以上职称14人（占50%），讲师10人（占35.7%），助教4人（占14.3%），省教学名师1人，双师素质教师25人（占89.3%），兼职教师26人，是一支具有"双师"结构和较高"双师"素质的专业教学团队。

（二）校内实习实训条件

本专业拥有省级纺织材料基础课实验教学示范中心、省级纺织工程实训基地、中央财政支持的现代纺织技术实训基地等校内实训基地，为专业教改提供了良好的实训条件。

校内实训基地由纺织品检测实训中心、纺纱技术实训中心、织造技术实训中心、纺织品设计实训中心、生产性实训中心和校企共建实训室组成，如图3-13所示，实训基地面积达3500m^2，各类仪器设备总值达800多万元。

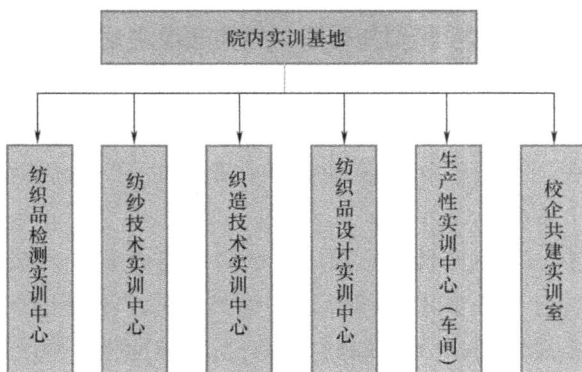

图3-13　校内实训基地

校内实训基地设备先进、具有真实或仿真实训氛围，集教学、技能培训、生产实训、工学交替和社会服务于一体的国内一流现代纺织技术实训基地。

1.纺织品检测实训中心

纺织品检测实训中心是在原省级纺织材料基础实验中心基础上建成，纺织材料基础实验中心于2008年被评为江苏省高等学校基础课实验教学示范中心。该中心与多家企业长期合作，集教学、技能培训、社会服务于一体，是国内一流的纺织品检测实训中心。

纺织品检测实训中心拥有使用面积约1500m²的实验用房，各类仪器设备总值达400多万元，开设50项实验项目，现承担全院19个专业及专业方向12门课程的实验教学任务，年实验人数在六万人以上。

纺织品检测实训中心下设五个实验室：纤维检测实验室、纱线检测实验室、织物性能分析实验室、纺织标准实验室和生态纺织品实验室。

2.纺纱技术实训中心

纺纱技术实训中心是江苏省纺织工程实训基地中四个实训中心之一，是国家财政支持建设的实训中心，是集教学、技能培训、生产实训和社会服务于一体的国内一流的现代纺纱技术实训基地。

纺纱技术实训中心拥有梳棉机、并条机、粗纱机、细纱机、络筒机等设备，各类仪器设备总值近120万元，承担学院纺织技术类专业、新型纺织机电技术、家用纺织品设计等专业（方向）的教学任务。

3.织造技术实训中心

织造技术实训中心是江苏省纺织工程实训基地四个实训中心之一，是国家财政支持建设的实训基地，是集教学、技能培训、生产实训和社会服务于一体的国内一流现代织造技术实训基地。

织造技术实训中心拥有电子大提花织机、织物CAD设计系统，各类仪器设备总值近450万元，承担学院纺织、新型纺织机电技术、家用纺织品设计等专业（方向）的教学任务。

4.纺织品设计实训中心

纺织品设计实训中心是根据学院"知行园"整体建设规划完善和新建的实训中心。设备先进、具有真实或仿真实训氛围，集教学、技能培训、生产实训和社会服务于一体。

纺织品设计实训中心拥有设备总值80多万元的打样机、全自动梭织打样机、微型电子计算机等设计、打小样设备，承担全系3个专业或专业方向5门课程的实验实训教学任务。

5.生产性实训中心（车间）

生产性实训中心拥有纺织生产性和针织生产性两个实训中心（车间）。纺织生产性实训中心（和旺色织公司）拥有设备总值260多万元的喷气织机。针织生产性实训中心（南通嘉蕾针织有限公司）拥有设备总值163万元的双面大提花机、单面机、罗纹机等针织设备，承担全系5个专业或专业方向主要专业课程的实践教学任务。

6.校企共建实训室

校企共建实训室是我系与企业合作共建的实训室，是对校企合作共建模式的探索。校企共建2个实训室（宏大纺织实训室、三思小样制作实训室），由企业免费提供先进设备和仪器，并派技术人员与学校共同完成学生的技能培养。

（1）宏大纺织实训室。宏大纺织实训室是南通宏大纺织实验仪器有限公司与江苏工程职业技术学院合作共建的纺织专业实训室。本实训室由宏大公司免费提供了纤维、纱线、织物等各种纺织材料性能检测的实验仪器。实验仪器用于纺织学院的实验教学、学生实训、教师科研、产品检测等，较好地满足了学生进行纺织纤维、纱线、织物等各种纺织材料性能检测的实训任务。

（2）三思小样制作实训室。三思小样制作实训室是南通三思机电科技有限公司与江苏工程职业技术学院合作共建的纺织专业实训室。Y200S型电子小样织机由江苏工程职业技术学院根据国内小样试织的发展需求而开发研制的最新产品，技术先进、结构合理、美观实用、功能齐全，填补了国内同类产品的空白。该产品由南通三思机电科技有限公司制造，江苏工程职业技术学院监制，用于纺织专业的实验教学、学生实训、教师科研、产品开发等，较好地满足了学生产品设计与制作的实习、实训任务。

（三）校外实习基地

作为江苏省最早开办纺织类专业的学校，我院与省内纺织企业有着长期密切的合作关系，校外实训基地由17家企业组成（表3-7），以工学结合为切入点，推行"知行并进，学做合一"的模式，探索与实施人才共享、设备共享、技术共享、成果共享的"四共享"合作机制，实现教学场所与生产车间、教学过程与生产过程、教师与师傅、学生与徒弟、学生的学习内容与工厂实际生产的"五融合"的校企合作机制，较好地满足了学生各类生产实习及顶岗实践的要求。

表3-7 校外实训基地一览表

序号	单位名称
1	南通金滢纺织产品检测中心有限公司
2	南通市纺织产品质量检测所有限公司
3	南通市园缘毛纺织有限公司
4	南通英瑞纺织有限公司
5	南通市纤维检验所
6	南通大生红鹿毛纺织有限公司
7	江苏纺织面料服务中心
8	江苏三友集团色织有限公司
9	江苏南通二棉集团有限公司
10	江苏大生集团
11	南通纺织控股集团纺织染有限公司
12	南通东帝纺织品有限公司
13	南通宏丰色织有限公司

序号	单位名称
14	英瑞纤维(南通)有限公司
15	南通华业纺织有限公司
16	南通英瑞纺织有限公司
17	南通金太阳纺织有限公司

（四）专业资源库

通过国家示范院校建设，纺织技术类专业建成了比较完善的专业资源库，网址如下：

http：//xxzx.nttec.edu.cn/elcs/rsSourceListAction!makeListIframe.action

主要包括专业介绍、专业标准、行业标准、人才培养方案、职业资格、主要专业课程库、多媒体课件库、企业信息、图片库、新技术库等内容。同学们在以后的学习过程中，可以从资源库中获得更多的课程学习内容，同时也可以在学习平台上进行网上学习。

☞思考题

1.你对纺织技术类专业有什么认识？

2.根据你对专业的了解，你准备选学什么专业方向？

3.上网查阅纺织技术类专业资源库。

4.上网搜索了解国内有纺织专业的院校及其专业特点。

学习情境四　学习与学业规划

主要内容

- 在校学习的途径，学业规划的重要性
- 如何制定学业规划
- 在职学习的途径，在职学习的重要性

阅读材料：优秀毕业生介绍

案例1：优秀毕业生刘金生

刘金生，1986年11月出生于江苏南通，中共党员。2005年9月至2009年6月就读于南通纺织职业技术学院（现江苏工程职业技术学院）纺织品检测与贸易专业。在校期间担任班级班长、校学生会副主席、校宿管会主席，并曾获南通市暑期社会实践先进个人等众多奖项。

2008年6月进入江苏金太阳布业有限公司实习，从基层做起，先后担任公司缝制车间主任助理、公司生产厂长助理、公司业务员、业务经理等职务。

一路走来，其已经成长成为一名家纺界的精英，现已成立了南通笑居家用纺织品有限公司，并成功注册了"笑居"商标。笑居家纺是一家集家用纺织品的设计、生产和销售为一体的现代化企业，总部位于中国纺织基地——江苏南通通州，紧邻世界家纺交易中心——中国南通家纺城。

笑居品牌以"家的温暖从这里开始"为口号，完美展现家居生活现代新风尚。自笑居品牌推向市场后，已经在全国二十多个省市设立了加盟店，在家纺行业中形成了良好的口碑。

案例2：优秀毕业生陈太元

陈太元，纺织系2009级纺织二班学生。时光荏苒，岁月嬗递，大学生活转瞬即逝，在这宝贵的三年时间里，陈太元认真学习专业知识，刻苦钻研学问；积极参加学校组织开展的各项活动；对学院下达的各项任务积极配合，认真落实；同时注意团结同学，尊敬师长；而且不断地提高自己的个人能力，力求上进。经过三年的历练，逐渐成长为一名自信、坚强、踏实、认真、严谨的大学毕业生。

陈太元思想上积极要求上进，生活中能主动关心国家大事，在思想上和政治上与党组织保持高度一致，以党员的标准要求自己，对党的基础知识学习比较认真，一直都在努力提高自身的政治素质，在校期间光荣加入中国共产党。

陈太元学习认真刻苦，成绩优异。曾多次获得获院一、二、三等奖学金、三好学生、优秀团员、优秀学生会干事、优秀学生会干部、院创业大赛二等奖、大生实训三等奖、院大学生文化艺术节先进个人、优秀班干部、南通市大学生暑期社会实践先进个人、基础文明建设月先进个人、获优胜奖学金等荣誉。在担任班级班长时，不仅注意提高个人学习效率，还积极帮助班级其他同学，带领全班同学探索学习与工作方法并总结经验，对班级良好班风与学风的树立起到了很好的推动作用。

在系学生会的工作中，陈太元发挥了吃苦耐劳、乐于奉献的精神，无论在哪一岗位上，都能够严格要求自己，积极创新。虽然担任学生分会主席一职，但仍能够摆正心态，谦虚问同学、前辈和老师问题，在担任2010级新生班主任助理工作期间，能认真对待、引导和鼓励新生树立正确的人生观，发奋图强，努力学习。

在生活中，陈太元能主动关心、帮助他人，有很强的集体荣誉感和责任心，生活俭朴，为人诚恳，是同学们学习的榜样。陈太元同学在各方面都能够严格要求自己，积极进取，是一位德、智、体、美全面发展的当代大学生。

在顶岗实习期间，陈太元踏实肯干，实心实意地做好老板的助理工作。工作中积极主动，对不懂的事情能虚心请教，勇于承认工作中的错误，并且积极主动地总结与改正。对于刚走上工作岗位的大学生来说，陈太元一改社会各界对大学生浮躁、不稳重的定义，打破偏见，从身边的小事做起，树立了一个品学兼优的大学生形象，实习结束期后也得到了企业领导和同事的认可与肯定。

案例3：优秀毕业生陆明俊

陆明俊，男，2008级纺检二班毕业生，中共党员，现就职于南通开发区振大纺织品有限公司，任业务助理。陆明俊同学毕业后一直在该公司就任业务助理一职，做人踏踏实实，工作勤勤恳恳并且充满热情，平时与同事的关系也相处得很好。

有一次，公司的一位客户下了一批面料订单，半个月之后，这批订单如期完成，并且直接发货。但是客户在收到货后，反应面料的手感太硬，不能接受，要求退货。陆明俊在得知了这一情况后，迅速与跟单员联系，检查到底是哪一环节出了问题。经查是面料最后一道工序——压光出了问题。这批面料本应用180度高温压烫，才会有正确的手感，但是检查下来是压光厂机器的压辊温度表失灵，没有显示正确的温度，实际温度只有105度，明显偏低，导致面料不过关。找出原因后，陆明俊主动联系客户，在良好的沟通下，客户答应可以再给几天时间，将货物运回重新高温压光，问题得以顺利解决，让公司避免了一次大损失。虽然这批订单不是陆明俊所负责的，但是他敢于寻找问题、解决问题以及严谨的工作态度得到了大家的充分肯定。

案例4：优秀毕业生马兰

马兰，纺织系2006级纺三班毕业生，中共党员。目前就职于南通升阳毛纺有限公司，任生产科系长。2008年12月10日，正式踏入升阳的大门开始工作生涯的第一天，马兰有点紧张，也有点期待，紧张的是，害怕自己学不会，令公司的领导不满意；期待的是，想将自己不怕吃苦、努力的一面展现给公司的领导看，展现给每个职工看，这就是纺院学生的风采。

经过3个月车间生产操作的学习，马兰掌握了基本的操作方法，虽然对车间很多事情还存在困惑、迷茫，但是她相信这是时间的问题，接触多了肯定会好的。紧接着去交替班学习基层管理业务，上了3个月的12小时（逢换班时上16小时），现在马兰回想起来，也不知那段时间自己是怎么坚持下来的，但三个月的学习让她了解了班级管理，跟班长、担任、挡车人员关系也逐渐变得亲近，为日后的工作打下了良好基础。

2009年7月，马兰正式进入生产科白班学习。生产科白班是交替班的监督管理部门，同时也是服务部门，车间里大大小小的事情都要有白班的参与管理（辅件的准备、换批的安排、人员的安排、安全的把控、质量的监管、卫生的整理等等），每日工作很杂，很乱，很烦，马兰也受了很多冤枉气，其间也有过想放弃的念头，但是想一想别人能做得来，自己怎么会做不来呢？硬着头皮，再艰难也要向前走下去。之后学得多了，接触面多了，经历的事多了，处理起事情来就游刃有余了，自信心也逐渐建立了，做起工作来感觉顺利了很多。这一年她从生产科一般职位努力到生产科管理助理，后又经过1年的努力，从生产科管理助理努力到现在的生产科系长（车间主任）。

升阳虽说是毛纺公司，但实际做的是腈纶纺，工艺流程和学校里学的不一样，马兰基本是重新学习，但是她坚持多动手、多动脑、多问、多动笔，每天下班后将自己学到的知识记录下来，再为第二天的工作做好计划，每日工作有始有终、有计划性，能吃苦，能承受压力，正是这种良好的学习习惯和不服输的精神使她取得了今天的成绩。

案例5：优秀毕业生汤茜茜

汤茜茜，纺织系2007级针织一班学生，中共党员。她性格开朗，爱说话，爱交朋友，爱参加集体活动。大学期间，曾担任过班长、外联部部长等职，并多次获得"优秀班干部""三好学生""先进个人""二等奖学金"等荣誉。

2009年12月7日汤茜茜离开母校，到无锡恒田企业实习。无锡恒田企业共有十几家分公司，有从纱线到成衣一条龙的生产线。毕业之后直接留在该公司工作，从一个实习生到现在的营销部的业务员，汤茜茜经历了许多也收获了许多。纺织这个行业本身就比其他行业苦，但你能克服它，也会受益匪浅。古人云"吃得苦中苦，方为人上人"。实习的最苦阶段，大夏天车间的温度高达45度以上，有快要窒息的感觉。现在回想起来，汤茜茜也不知道是什么支持自己坚持下来。或许，就是那种要做业务员的信念吧。所以，认准一件事你就放手去做，会流汗会流泪，但也会成功。

2010年8月汤茜茜正式成为一名业务员，但并没有想象中的轻松与舒服。业务员的工作更加烦琐与紧张。第一次和客户谈判的时候，她很紧张，不知道怎么和客户沟通，也不知道怎么与客户讲解公司的情况。经过半年的学习与进步，她终于可以独立担当自己的客户，和客户沟通，去拜访客户等等。成长的经历令她意识到，做什么事情都不能眼高手低，不要把事情想得太复杂，也不要想得太简单，以一颗平常心去学习和工作，贵在坚持。

虽然日常工作比较多，但她还是喜欢参加公司组织的活动。通过参加公司年会、周年庆典、运动会等活动，汤茜茜将工作中的灵感以文艺节目的形式表现出来，既团结了公司同事，又锻炼了自己的能力。

除此之外，汤茜茜还担任了面料事业部的通讯员。工作闲暇的时候写写身边的好人好事、公司的发展、自己的所见所闻等等。2011年年底被评为"优秀通讯员"，让她在工作之余体味到另外的美好，也发现了自己更多的价值。

案例6：优秀毕业生魏菁菁

魏菁菁，女，汉族，1990年8月出生于江苏南通通州区。2008年9月就读于江苏工程职业技术学院，2011年6月毕业。入校以来，在班内担任团支部书记一职，并曾任系学生会办公室主任和院大学生记者团记者，于2010年5月光荣加入中国共产党。大学期间，曾获得"院优秀学生干部""院优秀团干部""院优秀干部标兵""暑期社会实践先进个人""院二等奖学金""院配乐诗朗诵一等奖""院最佳原创奖""院情景剧大赛""大赛二等奖"及"十佳记者"等荣誉。

该生思想进步，品行端正，尊敬师长，团结同学，注意加强自身道德修养，保持与时俱进的思想观念和奋发有为的精神状态；学习认真刻苦，成绩优秀，在所学专业特长方面成绩优秀；工作积极主动，认真负责，大胆创新，有较强的组织管理能力；社会实践成绩突出，广泛接触社会，深入社区，及时将所学知识技能应用到实际生产生活中，不断提高个人社会实践能力。主要事迹如下：

思想政治方面，该生积极上进，作风端正，认真学习团章、党章以及国家重要会议精神，从理论上武装和提高自己，认真参加院系组织的各项政治学习教育活动，在思想和行动上与党中央保持一致，积极主动地向党组织靠拢。在大一的时候就向党组织递交了入党申请书，通过参加院系组织开展的党建学习，被确定为入党积极分子，该生更加坚定了共产主义理想信念，树立了远大理想，努力提高个人的党性观念。该生严于律己，以身作则，为其他同学树立了学习的榜样。2010年她光荣加入了中国共产党，成为一名共产党员。

学习方面，她深知学习是学生的天职，于是始终都把学习放在自己生活的重要位置。认真刻苦，态度端正，讲究方法，注重学习效率，不骄不躁，稳扎稳打，本着"一步一个脚印"的态度学习和掌握本专业理论知识和应用技能，同时还努力拓宽自己的知识面，广泛涉猎各科知识，培养其他方面的能力，注重理论与实践的结合，为踏入社会打下了坚实的基础。

工作方面，该同学一贯坚持"党员为先、党员为重"的工作原则，她认为：作为一名党员又是学生干部，其他同学不愿意干的脏活、累活、重活，自己是一定要承担起来的。这就是一名党员、一名学生干部的责任。工作上，该生有较强的组织协调能力，工作效率高，创新意识强，认真负责，能全心全意为同学服务。在担任团支部书记、系学生会办公室主任时参与组织院系各项活动。

在实践方面，她广泛接触社会，经常深入社区，将所学知识应用到实践中，不断提高自己的社会实践能力，从中不断吸取成功经验和失败教训，培养了沉着、冷静面对问题，分析问题，解决问题的能力，为以后步入社会更好地发展打下了一定的基础。该生有较好的创新性和灵活性，2010年实习期间，当其他同学还在忙于寻找实习单位时，该生并没有涌入就业的人流，而是坚定信念加入了创业一族。在经过实地考察和深入研究后，该生于2011年3月成立通州真信经营部，将址选在农村，主营农药、种子、化肥等，现与村里合作研讨准备成立农村合作社。在经营部走上一定轨道以后，该生不满足于现状，现在中石油天然气股份有限公司南通分公司火车站加油站担任便利店主管一职，任职以来，该生勇于挑战，敢于创新，任劳任怨，业绩突出，2012年6月被评选为中石油天然气股份有限公司江苏销售分公司"劳动模范"。丰富的社会实践经验，不仅是一个同志优秀的综合素质的体现，更是一名优秀中国共产党党员不断要求进步、严于律己的体现。

路是脚踏出来的，历史是人写出来的。人的每一步行动都在抒写自己的历史。大学三年以来，该生从来没有骄傲自满，珍视在奋斗中得到的经验和挑战的机会，在学习工作等各个方面都取得了较为优秀的成绩。

案例7：优秀毕业生吴翠兰

吴翠兰，女，2007级针织一班学生，2009年12月9日应聘就职于无锡恒田面料事业部。该生成熟，稳重，有思想，有主见，性格开朗，为人热情友好，有说服力，有团队精神，热爱生活。自2007年10月入校，在校期间，学习上能够时时刻刻提醒自己，不断要求自己努力学好专业理论知识，无论是在学习上还是生活上都会主动帮助大家，课余时间除积极参加校班组织的各种活动之外，还参加了社会上组织的很多活动，积极充实自己，将自己所学的专业知识运用到实践中去，为以后的工作打下了基础，并且多次取得优秀成绩：2007年—2008年度第二学期获得特别进度奖；2008年在学院第一届企业模拟竞争中获得三等奖；2008年—2009年度第二学期获得三等奖学金；任职寝室长期间，宿舍多次获得"免检宿舍""文明宿舍"荣誉。

2010年6月毕业后就职于无锡恒田企业所属的面料事业部。恒田企业是一家集织造、染色、成衣、印花的设备齐全、功能完善、管理规范的现代化中、大型针织企业。面料事业部包含四个分公司：恒诺贸易，恒隆贸易，恒田印染，长泰纺织。面料事业部是一个把织、染、贸易进行整合的公司，作为一名合格的业务员，为了更好地服务于客户，要在各个公司，包括织造厂、染整厂熟悉业务流程。

因适应性强且能随遇而安，吴翠兰在职期间，能够根据公司的实际情况，配合管理科的调动，分别在下属的三个公司包括恒田印染公司、恒诺贸易公司、长泰纺织公司做业务担当。担当业务员期间，在领导和同事的带领下，能够虚心学习，不断在工作中总结进步。能够担当起自己的岗位，熟悉订单管理业务操作流程，能够对客户所下的订单有详细的了解，能够对客户的订单要求进行合同评审及交期排定。进行合同签订，跟踪订单，安排出货，能够资金回笼。订单结束后，对订单资料进行归档，对订单中出现的问题进行评估总结。在操作订单中，对于出现的质量及交期问题能妥善沟通解决。平时能够维护好客户关系，巩固市场。定期拜访客户，听取客户提出的意见和建议。在工作上能够做到尽职尽责，其所在的科室多次被评为销售冠军室，得到了分公司和总公司的褒奖。2010年6月还担任了面料事业部特约通讯员。

回首几年来的工作历程，吴翠兰说："是江苏工程职业技术学院为我的成才和就业打下了基础，是恒田纺织给我提供了锻炼自己、提升自己的平台，但是无论在哪个阶段，知识和技能永远是成就事业的最根本因素；这也是我工作以来最大的感受。希望在校的学弟学妹们能充分利用好在校的宝贵时光好好学习专业知识，强化专业技能，为以后自己的就业和成才打下坚实的基础。"

案例8：优秀毕业生袁守亮

袁守亮，2011年毕业于纺检系2008级纺检一班。该生家庭经济困难，在校期间为减轻家庭的负担，一直克服生活上的各种困难，半工半读，开过店，摆过摊，自己筹集学费，同时主动学好专业知识。在校期间，他将其他同学休息和娱乐的时间利用上，在不耽误学业的情况下，萌生了创业的想法。起初的投资让他明白了一些道理：大学生要想能真正开始走上创业的道路，必须分析消费人群和自己的产品；好的理念和思维是需要学习的；创业不等于赚钱，更重要的是为了实现自己的理想而努力……

因此，当起初创业遇到困难的时候，他并没有轻言放弃，而是分析原因，努力找寻自己学习的榜样，通过坚持和理性分析，逐渐走出了迷茫期。实习后因为没有合适的项目，没有详细规划，他先找了一份简单朴实的工作，每天炒饭、切菜、拖地，这在外人看来是不可理喻的事：一个学纺织专业的大学生竟然每天干这样的活！但他硬是坚持将这些细微的事情做下来了。他知道刚从大学毕业，没有经验是事实，虽然事实不能改变，但是可以改变看待事实的态度，与其浪费时间抱怨，不如自己主动去总结经验。无论在哪个行业，只要踏实努力干三年，相信一定能成为"专家"。

如今，他就职于南通国轩餐饮管理有限公司，担任经理一职，也有了自己的事业。虽然每天只有三四个小时的休息时间，他仍然觉得很幸福。

案例9：优秀毕业生朱溪

朱溪，男，汉族，共青团员，2007级纺检二班纺织品检测与贸易专业毕业生。自2007年进入江苏工程职业技术学院学习以来，始终牢记"忠实不欺，力求精进"的校训，努力学习，增强才干，先后经过班级和学生会工作的锤炼，受益良多。在校期间曾获"优秀学生干部""南通市优秀志愿者""江苏省优秀社会实践个人"等称号。

2009年11月18日，朱溪正式离开美丽的校园，进入实习单位，开始了人生的新历练。社会与校园是两个完全不同的世界，这里存在着各种各样的变化与前所未有的机遇。经过一次又一次的摔打，有过沮丧，有过体无完肤，但他都咬牙坚持过来了。

拼搏时，时间总是过得那么的不经意，时光荏苒，朱溪也从一个刚毕业的"愣头青"，慢慢跟上了社会的节奏。

2009年他还会在去工厂验货前，逐条背诵AATCC的条款要求，生怕紧张的时候打顿出糗。现在，朱溪已基本了解掌握AATCC，JIS，GB等多种检测标准中常用项目的测试要求和达标条件。他曾经负责过日本丸红、伊藤忠等大型日本商社的面料质量项目，均有比较圆满的结果。能通过苛刻的日本公司的检品，大大提升了朱溪的信心。

曾几何时，拿到一块客人的寻样，朱溪会手足无措，不知从何下手。现在，从原料定性，到成品价格的核算，他都可以粗略完成了，大大提高了服务效率和准确性，赢得了客人的信任。罗马当然不是一天建成的，刚毕业，朱溪的第一份工作就是做样品挂钩。3000份样品，几百种面料，他一份一份摸过去，一块一块地记录成分规格……磨破过手指，流过委屈的泪水，但经历过学生会的摔打，朱溪知道坚持就是一切。咬咬牙，摆正心态，都过去了，还是那么美好！

石阶一级一级地垒砌，工作的支点也越来越高，现在，朱溪跟他的小组已成功成为Kappa、优衣库、ELLE等著名品牌的一类供应商，在激烈的竞争中争得了一席之地。

2012年，朱溪又重新走进母校校园，参加江南大学纺织工程的继续教育课程，希望可以进一步夯实基础，迎接更加美好的明天。

案例10：优秀毕业生包笑笑

包笑笑，纺织系2008级纺检一班学生，2011年6月毕业，现就职于江苏泰丰针织有限公司，目前在公司生产部工作。

自从2010年12月到泰丰针织实习以来，该同学一直认真努力工作，先后从事营业、采购、生产等工作。实习期间，该同学就一直不忘自己是一名共产党员，在工作和生活上时刻严格要求自己。通过实习，该同学深知一名好的企业员工不仅要严格要求自己，热爱工作，更应踏实工作，兢兢业业，恪尽职守，积极参加公司组织的政治学习，始终以饱满的精神投入工作中。

毕业后，该同志能爱岗敬业，认真负责，一丝不苟，时刻保持对工作的高度热情，不计较个人得失，不计较报酬，经常加班加点。乐于吃苦、甘于奉献，对待各项工作始终做到任劳任怨，尽职尽责。他深知爱岗敬业的职业道德素质是每一项工作顺利开展并最终取得成功的保障，他将遵守公司的各项规章制度、兢兢业业做好本职工作作为自己的工作原则，用满腔热情积极、认真地完成好每一项任务，并履行岗位职责。因为工作的特殊性和精确性，在工作中他严格要求自己要做到零误差以提高准确率和工作效率。在执行任务期间如有新想法、新思路都会及时与领导沟通，争取高效率完成任务。工作以来没有因为自己的过失给公司带来过任何经济损失。工作成绩得到公司领导和同事的肯定。

毕业两年不到的时间，他从做事到做人，从看问题到解决问题，都得到了锻炼。工作是生活的重要部分，不论是消极还是积极，都会给人带来不同感受。而精彩的生活往往来源于有意义的工作，所以他不会让自己因工作的烦恼、困难和压力困扰自己，使自己工作情绪化、生活情绪化。遇到困难他总会用平常的心态实际看待问题，告诉自己凡事要先做人、后做事。

因为在校期间学习的是纺织检测专业，现在从事的是针织方面的工作。刚开始的时候他感觉压力很大，但是经过一段时间的认真学习，请教同事，现在已经能够胜任工作。在工作期间，他还一直不忘"充电"，丰富自己的专业文化知识，希望通过自己的认真努力学习，以后在纺织领域做出自己的一番成绩。

案例11：优秀毕业生邱雷

邱雷，男，1986年3月出生，江苏新沂人。2005年9月～2008年6月就读于南通纺织职业技术学院（现江苏工程职业技术学院）纺染系纺织品设计专业。在校期间曾担任院学生会生活部长，学生会副主席、主席等职务，先后获得院"三好学生""优秀学生干部"南通市"三好学生""优秀学生干部"江苏省"优秀学生干部"等荣誉称号。

邱雷2007年9月来江苏泰丰针织有限公司实习、工作，2008年10月被任命为泰丰公司营业部主管，负责报关、船务、采购等工作，并于2011年1月经过公司职工代表大会选举为江苏泰丰针织有限公司工会主席。

案例12：优秀毕业生王慧香

王慧香，女，中共党员，2007年9月～2009年6月就读于南通纺织职业技术学院（现江苏工程职业技术学院）纺织系纺织三班。现就职于江苏泰丰针织有限公司。

从2009年12月到泰丰针织实习以来，该同志一直认真努力工作，先后从事采购及关务（报关船务）工作。工作以来尊重领导、服从命令、积极配合工作；平日里多关心同事、团结一体、互相学习。工作中彼此是老师，往往从别人的身上看到自己的影子来鞭策自己，在面对问题的时候，又成为了彼此的后盾，相互并肩扶携着。在工作过程中她受益匪浅，从做事到做人，从看问题到解决问题，都给了她新的机会和经验。

工作中她遵守各项规章制度、认真工作、使自己工作效率不断得到提高。爱岗敬业的职业道德素质是每一项工作顺利开展并最终取得成功的保障。遵守公司的各项规章制度、兢兢业业做好本职工作是王慧香的工作原则，她积极、认真地完成每一项任务，并履行岗位职责。她严于律己，善于思考，工作效率高，工作以来没有因为自己的过失给公司带来经济损失。

王慧香心态端正、举止大方。工作是人生活的重要部分，不论是消极还是积极，都会给人带来不同感受。而精彩的生活往往来源于有意义的工作，所以她不会让自己因工作的烦恼、困难和压力，困扰自己，使自己工作情绪化、生活情绪化。遇到困难我会用平常的心态实际看待问题，告自己凡事要先做人、后做事。

在校期间学习的是"纺织工艺"专业，现在从事的是"关务"工作。刚开始的时候感觉压力挺大，毕竟是跨行学习，但是经过一段时间的认真学习，请教同事，现在已经能够胜任其工作。在工作期间，一直充电，丰富自己的专业文化知识。现在正在系统学习报关知识，争取通过自己认真努力学习，可以顺利通过考试，拿到报关员从业资格证。今后准备从事和报关相关的工作，争取在这个行业做出一番成绩。

案例13：优秀毕业生朱婵婵

回顾学校的光辉，最让朱婵婵自豪的还是2008级纺四班取得的各项荣耀，尤其是取得"江苏省优秀班级"称号，每次想起都会让她更加有工作的激情，更加有进取的斗志。

进入台华集团工作这一路的摸索，一路的汗水，一路的自我反思，使朱婵婵不断地成长与成熟，尤其是从生产计划调度到织物分析，这个新的跨越使她有很多新的思索与收获。

刚开始接手新的工作，朱婵婵感觉压力好大，总有透不过气的感觉，梦里总是些样布工艺参数，尤其是师傅走了之后的无助感！浑浑噩噩独立工作几天后，胡乱地躺在床上重复白天的一桩桩、一幕幕，越想越觉得不能就此屈服于这个工作。当压力积聚到一定程度的时候，一片再轻微的鹅毛也能击垮所有，但是如果学会给自己缓冲的空间，也能力顶千斤顶。缓冲的空间是自己给自己找各种坚持的理由，合理的不合理的，只要能让自己坚持住，达到目的就好了。所以当朱婵婵感觉不适应或不能胜任的时候她就反复地、细心地、多方向、多层次地来调整自己，有压力是因为有所追求，没有任何目标和追求，整个人就会颓废，正是这种信念使朱婵婵一路坚持走下来。

新的工作开展一段时日之后，对于各项小任务的完成可能会拖延，反复调换，甚至不准确，但朱婵婵还是会尽自己的最大努力完成，不会因为别人催得急或者说了一句不好听的话自己就乱了方寸，胡乱确认，她认为这是对工作的不尊重。除此之外，工作中她还注重团队合作，她深知一个人再有精力，再有能力，再怎么灵活，若不和他人合作，想要显示自己的光彩也是徒劳，只会让人敬而远之，工作陷入死循环，越来越难开展下去。因此，在工作中她非常重视与团队加强合作，寻求多种方式使自己能和团队成员有效沟通，从不不懂装懂。正是如此，朱婵婵得到同事和领导的一致好评。

作为一名共产党员，朱婵婵时刻不忘党的教诲，爱党敬业，创新进取，严于律己，主动奉献。这也为她赢得了调去研发中心继续学习扎实专业知识的机会，使自己的专业水平有机会再次提升。

努力增长知识，这就是一切的资本；努力让自己沉下来，不断注入新的能量，蓄势待发；对于知识的吸取，要如饥似渴，永不停止攀援的脚步，相信终会有一览众山小的豁达心境。

一、在校学习

（一）在校学习途径

高职教育的学习主要有两种方式。

1.职业技术学院学习

职业技术学院主要招收应届高中生，是我国高等教育的重要组成部分，具有高等教育和职业教育的双重属性。与普通本科教育比较，具有以下特点：课程教学针对职业岗位群的实际设置，所以实践教学条件要求较高，仿真的实训环境，培养学生动手能力，以市场需求为导向，培养学生的综合职业素质。在校期间一般接受如下几个阶段的学习和培训。

（1）工学结合的课程学习。课程体系包含公共课、专业课、实训课、专业选修课、公共选修课、校外顶岗实习等。

（2）仿真实训课程。为了培养学生的职业能力，多数专业核心课程都是理实一体的课程，一般都是在实训场所完成，专门培养学生的专业技能。

（3）企业及社会实践。学校还直接在企业中开设课程，让学生体验真实的工作环境，并组织很多社会实践活动，这也是培养学生的重要途径。

（4）顶岗实习与毕业实习。顶岗实习与毕业实习是十分重要的实践教学环节。现在的用人单位对毕业生的综合素质提出了更高的要求，毕业生不仅要具有过硬的专业技能，还要具有一定的从业经历，因此安排顶岗实习与毕业实习，使学生能很快适应未来工作环境，增加了学生择业的筹码，同时也锻炼了学生创业和创新能力，为学生的更好发展奠定了坚实的基础。

2.本科教育

为了适应社会的需要，学院采用多种渠道与本科接轨。目前有如下几种升本科的方式：

（1）联合培养。与本科院校合作，采用3+2的方式，即先在本院培养3年，通过考核进入本科院校后再培养2年，毕业后直接拿本科文凭和学位。

（2）专转本。高职生在大二或大三时参加全省统一组织的专转本考试，成绩合格可转入普通本科学习，学制为2+2或3+1模式。毕业后可获本科学历。

（3）专接本。专接本是自学考试本科文凭，一般参加全国统一组织的自学考试（专接本考试）。成绩合格，完成学业可获得自学考试本科文凭。

（4）专升本。高职生毕业后可以通过专升本考试升入本科学习，完成学业可获得成人本科文凭。

（二）学业规划

我们为什么要上大学？上大学的目的其一是可以获得较高的职业发展起点，其二是可以满足更高层次的人生需求。大学是人的职业生涯重要的准备和提升阶段，通过上大学找到一份适合自己发展的工作，从而找到进入职业的起点，最终目的是为了拥有自己的事业。所以在学习期间，就是为将来的职业打基础和充电，因此做好学业规划，使自己有明确的前进目标非常重要。

学业规划是指为了提高求学者的人生职业（事业）发展效率，而对与之相关的学业所进行的筹划和安排。具体来讲，是指在求学者完成文化启蒙阶段的学习以后，也就是在决定其职业发展方向的源头上，通过对求学者的自身特点（性格特点、能力特点）和未来正确认识，确定其人生阶段性事业（职业）目标，进而确定学业路线（专业和学校），然后结合求学者的实际情况（经济条件、工作生活现状、家庭情况等）制订学业发展计划，以确保用最小的求学成本（时间、精力、资金等）获得阶段性职业目标所必需的素质和能力的过程。

换言之，就是通过解决求学者学什么、怎么学、什么时候学、在哪里学等问题，以确保用最小的求学成本（时间、精力和资金）通过学习成长为满足阶段性职业目标要求的合格人才，从而最大限度地提高求学者的人生职业（事业）发展效率，并实现个人的可持续发展。

学业规划与职业规划都属于个人发展规划。个人发展规划从其发展阶段来分，可以分为两类，一类是初中毕业后的学生以最有效率的方式获得实现自身人才价值的职业或事业平台的个人发展规划，这被称为学业规划。主要是指规划主体为了高效地获得职业或事业平台而对学业所进行的筹划和安排。它的目的就是迅速有效地获得适合于自身发展的职业或事业平台，所以更强调所学与所长、所爱的统一，以最大限度地提高自身的职业竞争能力，为顺利就业奠定基础。它所规划的人生发展阶段主要为中学到大学毕业前的学习期间，准备进入社会找到职业或事业的平台时期。另一类则是在获得职业或事业平台的基础上，以最有效率的方式实现自身人才价值最大化的个人发展规划，也就是对自己职业或事业发展路线的筹划与安排。这就是职业规划。它所规划的人生发展阶段为找到适合于自身发展的职业或事业平台到退休为止。学业规划目的是在实现人才性价比最大化的前提下完成就业，而职业规划的目的则是为了最大限度地实现自身的人才价值。显然，在这两类不同的个人发展规划中，学业规划是职业规划的基础，职业规划是学业规划的升华。如果从个人经营的角度出发，则学业规划为个人的人才经营战略规划，而职业规划则只是销售策略。因此学业规划对人生的发展更具有全局性和长远性的战略意义，而职业规划则只能算作战术性策略。

1.大学生涯

踏入大学，我们的人生就开始了一个新的起点，有了新的学习环境，新的生活环境，新的人际环境，充满希望和挑战。大学也是一个非常难得的自我修炼场所，它为我们追求人生梦想搭建了一个大平台。这里有老师和同学，是我们成长中的最佳学习对象，补充自己的知识和营养，在大学期间所建立起来的良好师生关系和同学关系，也会成为我们今后职业发展中的重要人脉资源。这里有图书馆，是知识的殿堂，懂得利用图书馆，是我们在大学里获取知识的重要途径；这里有各种学生社团，将成为我们锻炼成长的又一舞台。大学最吸引人也是世人津津乐道的东西之一就是大学精神。我们可以感受到每一个接受大学教育熏陶的人，往往比其他人具有更明确、更积极向上的理想信念，有自己内在的价值追求；比常人有更多的宽容之心；在精神上、学术上追求更大的自由；一身正气，有时敢于为真理而斗争；能客观地看待问题，分析问题，充满科学精神，讲求科学方法。

但大学生活也会给我们带来困惑。有时候会特别恐慌，会问自己上大学就是用父母的血汗钱和自己的宝贵青春换取一张文凭么？这样下去我以后如何成家立业，更谈不上什么民族复兴、国家富强。心情不好的时候会去逃课，只要老师不点名，反正考前突击一般都能过关；寝室乱一些也无所谓，反正我一个人也收拾不了；时不时地通宵上网在游戏中轻松轻松，早上、下午睡睡懒觉，只要运气不是太差就不会被老师发现。不知道大学毕业后会怎么样，一切都是未知数。一种人任由惰性滋生，等到毕业时又后悔不迭，叹息没有好好珍惜大学生活；另一种人经过短暂的调整以后，又重新找到了自己的定位，对大学有了更加清醒的认识，并对自己的大学生涯进行了合理科学的规划，等到毕业进入社会时，便有了更多的底气和自信。

2.学业规划

做好学业规划可以激发学习的原动力和主动性，增强自我约束力和自我管理能力，促使大学生积极向上和自我完善，促进大学生了解自我和准确定位，夯实未来职业发展和事业成功的基础。

（1）明确目标。大学三年的目标是什么？十年以后的目标是什么？哈佛大学的一项调查表明（表4-1），目标对人生的影响极大。

表4-1 目标对人生的影响

比例	27%	60%	10%	3%
25年前	没有目标	目标模糊	清晰但较短期的目标	清晰而长远的目标
25年后	过得很不如意，经常抱怨社会，抱怨他人，抱怨自己	安逸的生活和工作，没什么成绩，生活在社会中下层	各个领域的专业人士，生活在社会中上层	社会各界的成功人士，其中不乏行业领袖和社会精英

（2）学业规划选定。由自己的价值观和兴趣考虑想往哪一职业方向发展，分析自己的性格和能力看自己适合哪一职业方向发展，分析社会的需求来决定自己可以往哪一职业方向发展。

（3）学业规划的分解。以职业院校三年为例：制定三年的总学习目标，分解为一年的学习目标、一学期的学习目标、一月的学习目标、一周的学习目标、一日的学习目标，使得学业规划落实到学习生活的每一天，确保学业规划的可操作性并严格执行。

3.学业规划主要发展任务

一年级是自我探索期，主要任务是适应大学学习与生活、发展自己的兴趣和技能、发现自己职业兴趣、获取职业相关的资料信息、尽可能获得最好成绩、明确下一步发展目标、树立职业规划意识。要明确下一步生涯发展目标，认识自己的价值观、兴趣、能力，选择性参与课程和课外实践活动，熟悉专业培养目标和就业方向，了解自我探索和职业探索的工具。

二年级是拓展职业生涯期，主要任务是进一步明确生涯发展目标与定位，制订能力提升计划，对职业环境和职位进行探索，进一步认识自己、了解职业，参加社会活动进一步提升能力和素质，通过实习/兼职等活动，获得工作经验，多参加招聘会等与职业生涯相关的活动，多参加与目标职业、职位相关的社会实践，努力获取相关职业资格证。

三年级是职业生涯决定期，主要任务是检验自己的职业目标是否明确，前三年的准备是否充分，学习就业政策、就业技巧和方法，澄清尚未完成的学位要求，顺利完成学业，充分利用各种渠道收集信息，提升求职技巧（简历/求职信/面试），调整心态，以开朗和积极的心态去迎接挑战，精心准备升本，继续深造。

4.制定自己的学业规划

学业规划要构建合理的知识结构，坚持广博性与精深性、理论与实践、积累与调节相统一的原则。培养宽厚扎实的基础知识、广博精深的专业知识，锻炼较强的实践能力。大学生应具备的基本能力包括表达能力、动手能力、适应能力、交际能力、管理能力、创造能力、决策能力等。全面提高综合素质，综合素质包括思想道德素质、专业素质、文化素质、身心素质等四个方面。构建合理的知识结构，培养科学的思维方式，锻炼较强的实践能力，提高全面的综合素质。

二、在职学习

（一）在职学习的意义

21世纪是信息时代，知识更新的速度非常快，这就要求人们必须不断学习，否则就会被社会发展淘汰，所以在职学习非常重要。人们提出了终生学习的理念，为适应社会发展的需求，在工作岗位进行知识的更新和完善。与在校学习不同，在职学习有很强的针对性，主要面对工作中的内容，所以在职学习把理论和实践很好地结合在一起，可以节省时间和费用，学习的效率较高。

（二）在职学习的内容与方式

在职学习是为了满足新的特定工作要求，将学习内容与自己的实际工作任务紧密地联系在一起，学习可以通过多种渠道来完成。

1.本岗位的学习

主要是向工作经验丰富的同事学习，观摩他们是如何完成工作的，发现自己工作的差距在哪里。

2.其他岗位的学习

主要通过岗位的轮换，在不同的岗位上工作实践，使自己成为工作上的多面手。

3.师徒方式的学习

在具体的工作任务或项目中，一对一的指导学习。

4.职业培训式的学习

这是一种主要的在职学习的方式，主要分为企业内部培训和各类社会培训。

（1）培训种类。在职培训一般分为专业化培训和管理培训两种。专业化培训是针对具体的工作岗位，以提高职业技能，获取职业资格证书等方面的培训；管理培训是提高管理人员的管理职能和管理技巧的培训。

（2）培训机构。培训机构有政府相关职能部门，如劳动和社会保障、总工会等设置的培训中心，行业主管部门设置的培训中心，企业与社会的培训中心，各类技能培训学校等。

（3）培训内容。培训内容很广，如企业组织的新员工的上岗培训，有关部门组织的在岗继续教育培训，劳动和社会保障部门组织的下岗与失业人员的再就业培训，企业职工道德技能技术培训，学校和社会培训机构组织的职业资格培训等。

☞思考题

1.怎样才能获得所需要的知识和能力？

2.至少列出三项你认为自己已具备的能力和素质。

3.你认为自己在哪些方面的能力和素质还有待进一步培养与锻炼？如何培养与锻炼？

4.制定一份自己大学三年的学业规划。

学习情境五　职业生涯设计

- 职业选择评估
- 如何求职
- 职业选择策略
- 如何创业

主要内容

一、职业选择评估

　　刚毕业的大学生首先面临的是选择就业单位及职业。有的人先盲目地找份工作，工作一段时间觉得不适合自己，频繁地跳槽，结果一事无成。据了解，很多人都对自己现在所从事的职业感到不满意。也有人认为从事自己不喜欢的工作没有什么关系，工作是工作，兴趣是兴趣，工作只是为了解决生存需要，兴趣完全可以在业余时间去发展。现在普遍存在一个求职误区，就是很多人在选择职业的时候，往往考虑的不是职业本身，而是其他很多外在的因素，比如工作是否稳定、是否有保障，这也是很多人削尖脑袋想尽办法要进入公务员和事业单位行列的原因。每个人都希望从事适合自己的职业，能充分发挥自己的天赋，能在从事的职业中快速成长和发展。

　　年轻人应如何选择职业。首先要看这份工作是否适合自己（专业是否对口或自己是否有兴趣等），然后就是看这家公司有没有发展前景，对于自己来说则是有没有发展的空间，比如有没有升迁的机会、培训的机会等。如果找一个处在发展期的企业，可以随着企业的发展而发展，对于个人来说也会有很多发展空间，学到更多的东西。相对一些大的企业，可能没有太多表现的机会，你要与大批的大学生来竞争，同时还要与老员工竞争，而且大公司一般分工比较细，所学的东西可能会少些。如果你要创业，最好有在大型的、稳定的公司里学习的经验。脚踏实地，从基础学起，当你积累了一些知识、经验、信心和信誉之后，你就可以走出去，去一些创业型企业或者是中小型企业中承担更多的责任。至于工资待遇方面也要多少考虑一下，但这不是重点，刚毕业，重点是学习和积累工作经验。

　　适合自己的才是最好的。最好的人生选择并不是在众人眼里看起来多么绚丽，而在于这个选择是否适合自己。没有人能够一次就把自己今后几十年的道路完全想清楚，每个人都是在探索中前进，慢慢寻找着最适合自己的发展方向。了解自己的过程也是成长的代价付出的过程，每个人都是在付出成长的代价之后，慢慢地长大。在成长的过程中，逐渐明确自己的方向和自己的优势与劣势。

人生定位是否正确，职业选择是否恰当，是人生成功与否的关键。人生定位说简单一点就是给自己的人生一个说法：自己到底想要做一个什么样的人。具体到做事方面，就是自己的一生要以什么为业，简单地说就是职业定位。

给自己定位时，要反复问自己以下几个问题：

①我最愿意从事什么样的工作？

②我最愿意与哪些类型的人一起工作？

③我最强的能力是什么？

④我最看重的工作回报是什么？

⑤在实现我的职业发展目标中，我的优势得到发挥了吗？

⑥围绕我的职业发展目标，我还应该做哪些努力？

⑦沿着自己的职业规划，我已经实现了哪些职业发展目标，下一步的发展目标是什么？有没有应当进行修正和调整的？

以上问题的答案可以帮助你明确职业兴趣、性格特征、职业能力、工作价值观及人生目标。

（一）自我评估

选择从事什么样的工作，主要取决于本人的兴趣爱好、性格气质和能力素质。所以选择职业前，应对自己的各方面情况进行客观的、全面的、正确的自我评估。

1.你的理想与目标在哪里

每个人都有自己的理想和目标，但有的人获得成功，而有的人却碌碌无为。你知道成功人士与平凡之辈的根本区别在哪里吗？有人说是天赋与机遇不同，其实不然，在人群中真正高智商的天才与低智商的庸才所占比例都极少，我们绝大部分人的智力水平相差无几，为什么若干年后会有很大的区别？主要因为成功者都有一个切实可行的目标，并为之不断的努力，他们向着人生的奋斗目标，积极向上的去拼搏。而我们呢？如果客观地去分析我们的求学之路，尽管我们也有过梦想，但是我们没有坚定地朝这个梦想去努力，结果美好的梦想远离我们而去，我们没有考入我们理想的学校和心仪的专业，无奈地进入职业学院纺织专业。其实你可能还没意识到，从跨入职业技术学院的这一刻起，你已经拥有一个新的平台、一个新的起点，一个崭新的机遇，你完全可以通过自己的努力去实现曾经的梦想。

如果你想成为一名工程师，在这里你可以学到工程设计的职业技能，用你的智慧为你将来就业的企业服务；

如果你想成为一名经商人士，在这里你可以学到经贸方面的职业技能，在进出口业务中遨游；

如果你想开创一片自己的天地，在这里你可以学到各种职业技能，在创业中享受痛苦和快乐；

如果你有其他的梦想，在这里都是你人生的加油站……

2.你的信心在哪里

大多数人都有自卑情结，认为自己很失败，走进了职业院校认为自己是高考的失败者，面对人生的旅途采用逃避的方式。殊不知，在走向成功的道路上，可以缺任何东西，但不能缺信心。人生中的失败，不是败给别人而是败给自己，失败者是倒下几次后再也不愿爬起来了，而成功者只不过爬起来比倒下去多一次而已。现在你正站在人生的十字路口，如何抉择，是做逃避现实的鸵鸟，还是坚定信心去实现自己的人生梦想？

3.适合自己的才是最好的

职业的选择是否适合自己是非常重要的，选择职业基本等同于人生的定位，需要每个人在漫长的人生旅途中，慢慢探索和寻找最适合自己的发展方向，是在付出成长的代价后，才逐渐明确自己的人生定位，才了解自己的优势和劣势。有了奋斗目标，还要具体给自己定位。每个人的性格、才能、天赋、价值观、生活环境是不同的，要了解自己，认真分析自己的特点，找出最适合自己的职业目标。对自己分析时，要分析自己想做什么？能做什么？适合做什么？对自己定位时，要考虑自己愿意从事什么样的工作？愿意和什么人一起工作？自己的强项是什么？在实现职业发展目标中应该做什么？已实现哪些目标？下一步的目标是否要进行调整？通过分析自己的职业兴趣、性格和气质、能力和特长、价值观，对自己进行客观和正确的评估。

4.职业兴趣在哪里

兴趣是人们力求认识某种事物或从事某项活动的心理倾向，是人们认识和从事活动的巨大动力。职业兴趣是个人对某专业或职业的喜爱程度。

虽然你可能对许多事物有兴趣，但通常只会对极少数事物怀有强力和持久的兴趣，这些兴趣将会影响你的一生。有的人对研究自然知识感兴趣；有的人对研究情感世界感兴趣，活跃于人际关系领域；有的人对智力操作感兴趣……

著名生物学家达尔文从小就对昆虫感兴趣，一旦发现一只小甲虫就如获至宝，一观察就是几个小时，简直入了迷。有一次，他剥开一片树皮，发现3只稀有的小甲虫，就一手逮一只，把另一只放在嘴里含着带回家。他就是这样怀着浓厚的兴趣在世界各地考察生物，经过30多年的努力，终于在50岁时发表了著名的生物学巨著《物种起源》。

俗话说，兴趣是最好的老师。一般人对职业都有不同的兴趣，有人喜文，有人爱武，多数人会对1~3种职业产生兴趣。不同的职业也需要不同的兴趣特征，一个擅长技能操作的人，在技能操作领域得心应手，如果硬是把他的兴趣转移到书本理论上去，他就会感到无用武之地，无所适从。如果一个人选择的职业与自己的兴趣相吻合，那么枯燥的工作也会变得丰富多彩，兴趣无穷，就会产生巨大的动力。如果兴趣与职业不符合，可能会胜任所从事的工作，但很快可能产生工作倦怠。因此，识别你的职业兴趣至关重要。

哈佛商学院心理学博士蒂莫西·巴特勒和詹姆士·沃尔德罗普将职业兴趣总结为三大类，细分为八小项，见表5-1。

表5-1　职业兴趣分类

职业兴趣类型	职业兴趣细分项目	兴趣描述
专业技术应用类	技术应用	对事物的内部运行情况的兴趣；对利用更好的技术方法解决工作问题的好奇心；对数学、计算机程序及实体的物理模型的满足感
	定量分析	对依靠数学方法解决问题的兴趣
	理论研究与概念思考	对解决问题具有广泛意义的概念性方法；对思想、构思、理论、计划、情节及预测的兴趣
	创造性过程	对高度创造性活动的兴趣
与人相处类	咨询及指导	对帮助他人及在业务工作中建立团队关系的兴趣
	管人及处理人际关系	对与人相处及处理日常人际关系的兴趣
控制与影响类	企业控制	对一家企业、部门及项目的最终决定权的兴趣
	通过语言及思想影响他人	以过人的书面或口头语言影响他人的兴趣

　　如果经过上述分析发现你的专业兴趣可能与所学专业不符，不要急于下这样的结论，因为中学时代形成的兴趣是比较肤浅的、易变的，给自己一个适应和发现的时间，对所学专业进一步了解。如果你的确非常不喜欢自己的专业，在大一学年结束前，都有一个调整专业的机会，可以转到你所喜欢的专业去。如果不能转专业，也可以把自己的兴趣与本专业的学习结合在一起，成为更受欢迎的复合型人才。

　　（1）性格与气质。气质是人生来就具有的心理活动特征。气质可以分为四种类型，与之对应的适合工作，见表5-2。气质并无好坏之分，任何一种气质都有利弊，只要能扬长避短，任何气质都可以在绝大部分职业中发挥积极作用。

表5-2　气质与适合的工作

气质类型	特点	适合的工作
兴奋型（胆汁质）	热情、勇敢、精力旺盛，易激动、脾气暴躁。能以极大的热情投入事业中，但一旦精力耗尽，会对自己的努力失去信心	适合开拓性的工作，要想成功，应加强自制力方面的约束，适合在贸易相关的职业工作
弱型（抑郁质）	细心、谨慎、孤僻疑虑缺乏果断，不能承受较大的压力，会为微不足道的小事动感情，面临危险时紧张、恐惧，可以与人很好地相处	适合从事需要细心观察和感受的工作，如护士、幼师等，不适合当运动员、艺术家
活泼型（多血质）	敏捷好动，容易适应环境。热情，工作效率高，反应快。注意力易分散，较明显的外倾性	适合多变的工作，对事业有浓厚的兴趣，可持久地工作，但如果工作受挫，热情会锐减，适合做律师、记者、人事公关等工作
安静型（黏液质）	安静、稳重、坚强、善忍耐、守纪律，反应稍慢，具有较明显的内倾性。是很好的合作者，易得到领导的认可	适合从事需要细心谨慎的工作，如文员、收银员和行政人员

科学研究表明，根据自己的性格寻找匹配的职业，事业就容易成功。性格是人的态度和行为比较稳定的心理特征，美国职业指导专家霍兰德将人分为6种性格类型，他认为职业选择是性格的延伸和表现，见表5-3。个人性格与职业工作匹配是职业满意度、职业稳定性和职业成就的基础。

表5-3 性格与适合的职业

类型	性格特点	适合的工作
实际型	动手能力强，动作协调灵活，喜欢独立做事及偏好具体的工作，谦虚、保守、不善言辞，社交能力弱	喜欢使用工具、机器这一类需要基本操作技能的工作。如计算机硬件人员、摄影师、装配工、厨师、修理工等
传统型	尊重规则，按计划办事，心细，有条理，注重细节，不喜欢指挥他人，而习惯接受别人的领导，较拘谨和保守，创造性差，不喜欢竞争	喜欢有细节和精确度、有条理，具有记录、归档的数据和文字信息的职业。如文秘、行政助理、会计、出纳、图书管理员等
研究型	抽象思维能力强，爱动脑筋、善思索，不爱动手，喜欢独立工作，做事精确，知识渊博，善于分析和推理，不断探索未知的领域，不善于领导他人	喜欢智力的、抽象的、分析的，最终解决问题的工作。要求有智力和分析才能，如科学家、工程师、教师、医生、编程人员等
艺术型	渴望表现自我，有创造性，做事追求完美和理想化，善于表达、怀旧、心态较复杂，有一定的艺术才能	喜欢的工作是有艺术修养、创造性，并应用于语言、声音、行为、颜色和形式的审美、思索和感受，如演员、艺术设计师、建筑师、雕刻家、歌唱家、作曲家、小说家和诗人等
企业型	具有领导才能，追求权力和财富，敢冒险、喜竞争、有野心、有抱负，务实，习惯以权力、地位和利益为做事的价值标准	喜欢经营和管理的工作，有监督和领导的才能。如政府官员、企业领导、律师、法官、营销管理者、项目经理等
社会型	喜欢交结朋友，关心时事和社会问题，善言谈，愿意教导他人，寻求广泛的人际关系，看重社会道德，渴望发挥作用	喜欢与人交往的工作，能交结很多朋友，善于从事提供信息、培训、帮助等工作。如社会工作者、教育、辅导等

（2）能力与特长。能力是指人们成功地完成某种活动所必须具备的个性心理特征。根据能力择业也是人们经常的选择，有助于择业的成功，在今后的工作中取得较大的成绩。正确认清自己的能力和特长有时也很难，一个人的特长可能会被隐藏起来，人的潜能往往连自己都不清楚，需要我们自己在平时的学习和工作中多留意，多给自己一个表现的机会。也许你参加一次运动会，会发现自己有运动天赋；参加一次演讲，会发现自己还挺能说。所以，注意发掘自己的特长，并将其与职业相对应，有助于你事业的成功。

随着社会生产力的日益提高，社会分工越来越精细，各种职业都对人们提出了更高的要求。因此，你在选择职业时，必须在了解自己的优势、了解自己的能力之后再做出选择，这样有助于你择业的成功，并保证在以后的工作中扬长避短，取得成功。

阅读材料：乌鸦学老鹰

老鹰从高高的山崖上俯冲下来，以非常优美的姿势抓了一只山羊。一只乌鸦看见了，非常羡慕。于是凭着记忆，反复练习俯冲的姿势。当它觉得练得差不多时，有一天看准机会，呼啦啦从山上俯冲下来，猛扑到一只山羊身上，想把山羊抓走。结果它的脚爪被羊毛缠住了，怎么也拔不出来，最后被牧羊人抓到了。牧羊人的孩子问爸爸这是什么鸟，牧羊人回答："这是一只乌鸦，可是它要充当老鹰。"

乌鸦的错误在于它并不具备老鹰的能力，却简单地认为只要学会老鹰的姿势就可以抓到山羊了，这种脱离自己实际能力水平贪求不可能达到的目标的做法，必然导致失败。

在职业选择时，还要特别注意特长与职业的匹配。不少人往往将兴趣误认为特长。比如有的人喜欢唱歌，就认为自己的特长是唱歌，这是不对的。喜欢唱歌，仅仅是自己的兴趣，而不是特长，你的嗓音、音质才是你的特长。要想获得事业的成功，要注意发现你的特长，并将特长与职业匹配。

一个人的特长，往往具有隐蔽性，不易被发现，这就要求自己在自我分析时，或在日常生活与工作中多加挖掘。

（二）职业岗位评估

职业岗位的工作条件和待遇也是选择的重要依据。职业岗位的评估主要从以下三个方面考量：工作条件、工作安全性和工作待遇。

（1）工作条件。工作条件包括工作环境、工作时间、工作压力等。职业岗位不同，工作环境差距很大，如设计师在室内，做贸易跟单要到处跑，生产运作则要在生产现场。工作时间也不相同，是否8小时工作，享受国家规定的节假日等。工作压力不言而喻，岗位越重要，责任越大，压力越大。

（2）工作安全性。不安全因素主要是工伤和职业疾病，这也是职业岗位评估的重要因素。

（3）工作待遇。工作待遇就是薪酬，包括工资、福利（三险、五金）等。不同企业、不同岗位的薪酬差异很大。决定薪酬主要还是看自己的综合能力，主要因素有学历、经验、年龄、行业与企业、机会与时机、个人整体素质等。表5-4是纺织类专业各方向的岗位情况。

表5-4　纺织专业各方向岗位情况

专业方向	工作岗位
纺织工艺（管理）方向	运转班组长、生产调度员、原料检验与选配员、试验员、设备维护技术员、工艺设计员、品质管理员
	车间生产主管、设备主管、技术主管、试验室主管、品质主管
	生产部长（厂长）、（正副）总经理
纺织面料设计方向	织物分析员、织物小样试织员
	产品设计师或新产品开发师
	生产技术部部长或生产厂长

专业方向	工作岗位
纺织品检验与贸易	纺织品检验员、纺织品跟单员、纺织品接单员
	检测主管、贸易公司部门经理
	检测高级主管、贸易公司高级主管
家纺工艺与营销	生产现场操作、辅助管理、家纺产品生产工艺员
	家纺新产品开发、生产线长管理
	工段主管职位、经理
针织品设计	原料及产品检测、设备操作与维护
	产品工艺分析与制定、生产与贸易跟单、针织品设计
	生产厂长、技术部长、经理

二、职业选择策略

职业选择首先从客观的实际情况考虑，从自身的优势出发，通过比较进行选择。正确的择业会使你一生受益。

（一）择业观

选择什么样的工作，就选择了什么样的人生。在进行职业生涯规划和选择职业时，往往从以下几个要点考虑，即职业为了满足生存的需求、或是自我发展的需要、或是为实现人生的兴趣和目标。

1. 生存需求

立足于满足生存来规划职业，把薪酬待遇作为选择工作的主要要素。一有获取高薪的机会就跳槽，这是一种只看眼前的短期行为。薪酬待遇固然重要，是保障我们生活水平的物质条件，但这只是针对目前的状况。比如有一个月薪4000元的工作和一个月薪7000元的工作，乍一看，很多人都会毫不犹豫选择后者，对于今后的生活，比较高的薪酬就可以带来保障吗？答案当然是否定的，毕竟相对高的薪酬数额终归是有限的，它无法为你今后的生活提供保障。给你今后生活水平带来保障的是能力，而不是金钱。要得到真正的保障，不能靠存钱，而是要靠增加自身能力的储备。

2. 自我发展的需要

立足于满足自我发展来规划职业，把自我发展作为选择工作的主要要素。选择一份工作，主要还要看这份工作是否能给你带来附加价值，能否增加你自身的能力储备，能否从工作中获取经验和技能。如果你能力储备提高了，即使你由于各种变故要离开你所在的岗位和公司的时候，你也能马上找到新的工作，继续在一个新的环境里保障自己的生活。如果月薪较低的工作有较高的附加价值，可以提高自己的能力，那么这工作的实际价值就会发生变化。所以，要关注你的工作能够带给你的成长空间，也就是要看到"真正意义上的价值"。

3.人生目标和兴趣

立足于人生目标和兴趣来规划职业，把人生目标和兴趣作为选择工作的主要要素。选择工作的先决条件是确定你的人生目标。先问问自己，究竟想过一种什么样的人生，想以怎样的方式去生活。比如，你充满热情和抱负，喜欢接受新鲜事物和充满挑战的人生，就不要去选择一家像养老院一样清闲的事业单位工作。清闲的工作会消磨你的热情，你的志气会慢慢减弱，变得死气沉沉，最终无法习惯于这样的生活。当然，并不是说事业单位不好，关键是是否适合你，那种生活到底是不是你想要的，你是否有兴趣。所以，以目标和兴趣来规划职业，选择一份工作，首先一定要是因为这份工作本身吸引你，你热爱这份工作所带给你的生活模式和人生状态。这样，你就会以快乐为工作的第一要素，不在乎眼前的薪酬多少，也不在乎将来能否获得荣誉和地位，而是更喜欢自己的工作，享受工作的过程。

4.团队及战友

最后，选择职业要好好选择一下"跟谁一起做"。人们都会慎重选择结婚对象，但是面对工作对象的选择，重视程度还远远不够。工作对象的选择其实是非常重要的，一个人与工作对象相处的时间绝对不比结婚对象少多少，对于这样一个需要长久相处的伙伴，如果不是志同道合的人，很难走得长远。与有相同价值观的人一起工作，更容易达成默契和共识，会使工作变得愉快轻松，减少很多沟通障碍。这样一来，工作效率与工作质量都会大大提高。

（二）职业选择

1.先定专业方向

对于学生来说，没有实际的工作经验，绝大部分人对将来的职业选择都朦朦胧胧，不知道毕业后要做什么。其实，在大学期间就应该有一个比较明确的理想职业，或者应该在报考大学专业时，就有一个较明确的理想职业，也就是选择专业方向。

纺织专业的职业岗位群在前面的章节已有介绍。如果你对纺织专业不感兴趣，可以通过转专业，或通过选修其他专业课程，或者通过跨专业升学来调整和确定自己的专业方向。其实，我校的纺织专业包含职业岗位很广，从原料加工、生产工艺设计、产品设计，到设备使用与维护、纺织品经营与贸易等，相信你能找到自己的专业定位。

2.再定职业岗位

如果专业方向已选择，要进一步考虑职业岗位定位的问题。首先对选定的专业方向岗位群进行深入的了解，清楚岗位职业的基本要求。可以通过参加招聘会、兼职、暑期社会实践和岗位实习等活动来感受你选择的职业是否适合你自己，是否能达到你的理想状态。

先定专业方向再定职业岗位的方法，可以使你明确自身综合素质和能力的培养目标，使你在大学期间为就业所需的专业技能和素质做好准备。

三、求职与简历

每位学生终会走出校门，走向社会，面对巨大的就业压力，很多学生感到迷茫，甚至恐惧，不敢面对就业的现实。为了能尽快适应职场竞争的环境，不管你是刚刚跨进校门的新生还是马上要毕业的老生，都要做好充分的准备，利用在校的时间学习技术和技能，利用假期到公司去实习，真正了解自己喜欢什么样的工作。喜欢什么样的企业，慢慢适应从学生到职业人的转变。去了解到了毕业求职时，自己的知识和能力离应聘岗位的要求还有多大的差距。

（一）职业定位

求职是根据自己的职业兴趣、性格气质、综合能力和价值观等实际情况，从薪酬、发展空间、企业文化、生活方式和信任感来实现自己的职业发展目标。一个人能否获得一份较好的职业并在事业上成功，有以下几点是需要认真准备的：

①首先要有一个明确的发展方向和目标；

②准确地认识并充分发挥自身的优势；

③广泛收集企业和工作岗位的信息；

④有目的地去实习；

⑤培养自己良好的职业仪态和职业操守。

（二）实施求职计划

实施求职计划分几步走：

①将求职目标具体化，方便你对照求职目标去努力；

②对求职目标的追求，一定要实现目标的信念；

③将求职大目标分解为若干小目标，体验实现小目标的快乐；

④明确自己已经拥有的资源和必须克服的困难；

⑤寻找一位自己心目中的榜样，激励自己不断前进；

⑥经常回顾检查实施求职计划的完成情况，必要时及时进行调整。

（三）编写简历

简历对求职者来说是自我介绍的一张名片，是向用人单位展示自己才华的佐证材料。对用人单位的人事经理而言，希望看到的简历应有明确的求职目标、求职者的经历和能力的简介等。有时一家公司仅仅招聘几个人，却会收到上万份简历。面对浩瀚的简历，人事经理会怎么做？据问卷调查，80%以上的简历只是被经理扫一眼就被淘汰了。在求职的道路上，怎么样使自己的简历脱颖而出，向用人单位展示自己的才能、成就和未来发展的能力？好的简历应真实地反映自我，并经过反复修改，逐步完善。我们绝大多数同学在招聘会上，都是相同的一份简历，投递到不同的企业、应聘不同的岗位，一份简历包打天下。实际上，不同的岗位对能力的要求是不同的，简历在真实反映的基础上，要把自己应聘该岗位所胜任的能力特点重点描述出来。所以简历编写有许多小技巧，如果你的简历打动了招聘者，希望与你面谈，你的简历就是成功的简历。简历应包含以下几项内容：个人信息、教育与培训情况、工作经历、个人特长等。

1.简历的基本要素

撰写简历时，要全面、系统地将个人的基本信息用文字表现出来，针对应聘岗位的要求，对简历的基本要素进行适当增减，突出自己的优势。如表5-5所示是简历的基本要素。

表5-5 简历的基本要素

简历要素	主要项目	重要项目
个人信息	姓名、性别、年龄、照片、政治面貌、民族、籍贯、电话号码、电子邮箱、通信地址与邮编	姓名、性别、政治面貌、籍贯、手机号码、电子邮箱
教育背景	学校、专业、地点、起始时间	学校、专业、起始时间
所学课程	主要基础课、主要专业课、实训（实验）课	核心专业课、实训（实验）课
校园活动	社团名称、职务、起始时间、职责、成就	社团名称、职务、职责
专业技能	专业技能、参与项目、发表论文、科研活动	专业技能证书、发表论文、科研佐证材料、参赛获奖证书
实习经历	企业名称、岗位职务、起始时间、职责	企业名称、岗位职务、职责
英语水平	证明英语水平的佐证材料	四、六级、英语竞赛获奖证书
计算机水平	证明计算机水平的佐证材料	等级考试、熟悉办公软件
所获奖励	三好学生、优秀班干部、优秀团员、奖学金、其他奖励	三好学生、优秀班干部、奖学金
兴趣爱好	琴棋书画、文体爱好	比较有优势的特长

2.简历的基本要求

简历要求整洁无误，不能出现文字及排版上的错误，不要在简历上涂改，也不要把简历折得皱皱巴巴的，用人单位的第一印象很重要。简历要求长短适中，最好是把精华浓缩在1~2页纸上。简历要求实事求是，不要夸大自己的实际能力，但也不要过于谦虚，显得不够自信。简历的用词要求简明扼要，语气诚恳坦率。

3.简历的针对性

写简历要考虑是给用人单位看的，所以简历有很强的针对性，提供给你的读者（用人单位）感兴趣的信息至关重要，如果你了解这一点，你就已经成功了一半。了解应聘企业的行业定位和企业文化、了解应聘岗位的招聘要求，进行认真分析，有的放矢地完成你的简历，是通往成功的有效途径。

4.写简历应注意的问题

在简历上应清楚地标明求职的岗位；在用人单位还没有聘用你的意愿之前，不要先提出薪酬条件；应聘外资或合资企业时，一份英文简历将给你增光添彩，体现出你的专业性，增强竞争力；如果你的信息有变化，要及时更新，特别是联系方式。

四、创业策略

创业有规律可循吗？创业，你准备好了吗？在目前就业形势比较严峻的情况下，大学生自主创业也不失为一条择业道路，大学生自主创业的理由有：对偶像的崇拜，"创业"本身就是一种职业、经济上的要求，考虑替别人打工还不如为自己打工，为了实现自我价值，时间自由等。

（一）大学生创业

1.影响大学生创业的五大因素

影响大学生创业的因素主要有如下五个方面：个人能力与素质；个人性格气质、爱好和特长；家庭因素；学校因素；社会因素。

2.大学生创业要过好"四关"

大学生创业要过好四关：选项关；经验关；团队关；心态关。

3.大学生创业的五条备战原则

大学生创业要掌握以下五条备战原则：别把鸡蛋放在同一个篮子里；不要迷信热门；好的选址是成功的一半；勿以事小而不为；了解市场，有备而战。

4.自行创业的十大策略

自行创业应明白如下十种策略：将创业资金额减到最低；学习销售自己；对客户要大方；开始时最好能由家中直接提供产品或服务；从第一天开始，一切电脑化；学会安排时间；爱你的顾客；开始不成功也要努力；独自经营；安排休闲时间。

5.大学生创业必备的素质

大学生创业必备的素质包括如下几个方面：进取心与责任心；自信心；自我力量感；自我认识、自我调节；情绪稳定性；社会敏感性；社会接纳性；社会影响力。

（二）大学生创业鼓励政策

国家规定：凡应届高校毕业生从事个体经营的，除国家限制的行业（包括建筑业、娱乐业以及广告业、桑拿、按摩、网吧、氧吧等）外，自工商部门批准其经营之日起，一年内免交登记类和管理类的各项行政事业性收费。有条件的地区由地方政府确定，在现有渠道中为高校毕业生提供创业小额贷款和担保。

从事个体经营的高校毕业生免交的具体收费项目主要包括：

1.法律、行政法规规定的收费项目，国务院以及财政部、国家发展改革委（含原国家计委、原国家物价局、下同）批准的收费项目

（1）工商部门收取的个体工商户注册登记费、个体工商户管理费、集贸市场管理费、经济合同鉴证费、经济合同示范本工本费。

（2）税务部门收取的税务登记证工本费。

（3）卫生部门收取的民办医疗机构管理费、卫生监测费、卫生质检验费、预防性体检费、预防接种劳务费、卫生许可证工本费。

（4）民政部门收取的民办非企业单位登记费（含证书费）。

（5）劳动保障部门收取的劳动合同鉴证费、职业资格证书费。

（6）公安部门收取的特种行业许可证工本费。

（7）烟草部门收取的烟草专卖零售许可证费。

（8）国务院以及财政部、国家发展改革委批准的涉及个体经营的其他登记类和管理类收费项目。

2.各省、自治区、直辖市人民政府及其财政、价格主管部门批准的涉及个体经营的登记类和管理类收费项目

同时，自谋职业、自主创业的高校毕业生可将人事关系存放在政府人事部门所属人才服务机构、劳动或人事部门人才服务机构，这些服务机构将为其办理人事关系接转、人事档案管理、转正定级、党团关系、专业技术职务任职资格申报评审、社会保险金缴纳等服务，实行全方位的人事代理服务，以解除自主创业、灵活就业的高校毕业生的后顾之忧。

（三）如何组建公司（私营企业）

1.开业登记所需文件

（1）申请人身份证明；

（2）场地使用证明；

（3）验资证明；

（4）规定行业审批证件；

（5）合伙登记书面协议；

（6）公司申请提供公司章程；

（7）技术资格证明（会计、技术人员）。

2.私营企业开业步骤

（1）工商登记：企业所在地工商局领取申请表、查询拟办企业名称、由会计事务所验资、准备文件、向工商局提交申请表、文件，审批执照、工商局颁发执照、财务章。

（2）申请企业代码证。

（3）税务登记。

①在企业就近开设银行账户；

②申领税务登记申请书；

③提交税务登记申请书并准备相关文件；

④领取税务登记证；

⑤领购发票。

（四）创业贷款方式和创业误区

创业贷款方式主要有以下三种：个人创业贷款、商业抵押贷款和保证贷款。

创业初期的误区有以下几种。

误区一：企业要越做越大；

误区二：发展是越快越好；

误区三：集体决策优于个人决策；

误区四：多种经营可降低风险；

误区五：什么赚钱干什么；

误区六：自己的事自己干；

误区七：成功会带来成功；

误区八：上市后可松口气了；

误区九：有了好产品就有了一切；

误区十：企业要进行资本运营。

（五）大学生创业风采

每一位有志者都希望创造一份属于自己的辉煌事业。如果你想真正拥有一份属于你自己的事业，如果你想拥有更大的财富和更幸福的生活，那么就应该亲自动手去开创一份属于自己的事业，立志做个创业者。愿每一位同学都成功就业—择业—创业！

阅读材料

创业故事一：谁说我不是好孩子

陆女士：上海某大学肄业生，自由撰稿人。"我是保送进大学的，专业不太好，读的是师范院校，将来要当数学老师。"陆女士在衡山路附近开了家小书店。"我只念到大二，当时不知道哪里不对，很不愿意继续念书了，请病假请了6个月，还是调整不过来，最后申请调专业，学校没同意，我就退学了。"陆女士的家境比较好，她每月拿着父母给的一千元零用钱，有情绪时就给报纸、杂志写写稿件，最后瞄准了一个网络文学库，成了自由撰稿人，月收入不固定，年收入在6万元左右。

创业故事二：积累了不少人际关系

王先生：浦东某律师事务所股东之一，29岁。"我毕业于华东政法学院，25岁之前，我一直在政府部门工作，公务员，很稳定。从我上班的第一天开始，我就知道自己不会干很久的，当时动力特别大，白天上班，晚上念经济课程，比白天还要专心。""25岁以后，我和我的同学们开始有差距了，那些一毕业就进律师事务所的同学还在当助理，手上的资源也很有限，我则积累了不少人际关系，政策方面也比他们熟悉得多。于是我毅然选择了创业。"

创业故事三：你不知道我有多累

张先生：复旦大学新闻学院研究生。他的名片上赫然印着"上海奇峰科技发展有限公司总经理"的头衔，他经营的网站名叫"老小孩"。"1999年下半年，网络经济在上海刚刚开始'火'，大大小小的网站似乎一夜之间冒了出来。我当时还在上学，业余在一家网站打工，老板给我月薪3000元。受到这段打工经历的鼓舞，同时也积累了一定的经济基础，我和几个同学决定为自己打工。""老小孩"的创意来自于一位校友的灵感——他父亲想学电脑，但没有人教。"我们决定做别人没做过的事，办老年网站，专门教老年人上网。"现在，"老小孩"网站已拥有了10个老年电脑培训教室。

☞思考题

1.通过该任务的学习，你的择业观有什么样的改变？

2.如果你选择从事纺织类的某项工作，你认为自己的能力和素质在哪些方面还有待提高？

3.完成一项社会调查，了解一下本地区纺织行业的基层工作岗位有哪些？了解不同岗位的工作时间、工作条件、工资待遇等。

4.制定一份自己的职业生涯规划。

5.一份简历主要包含哪几方面的内容?

6.上网收集一下简历模板,确定一种最适合你的。

7.到相关企业(公司)的网站,去了解该企业招聘员工的具体要求,对照要求看一看自己在大学的三年应该如何度过。

8.上网收集一下纺织方面的招聘信息,至少找出10条自己感兴趣的信息。

参考文献

[1] 赵志群.职业教育工学结合一体化课程开发指南 [M].北京：清华大学出版社，2009.

[2] 马成荣，李振陆等.职业专业入门丛书 [M].南京：江苏科学技术出版社，2007.

[3] 邹放鸣，赵跃民.大学生涯导论 [M].徐州：中国矿业大学出版社，2003.

[4] 殷智红，邱红.职业生涯规划 [M].北京：北京大学出版社，2010.

[5] （美）埃德加·沙因.员工精神——优秀员工的职业基准 [M].北京：地震出版社，2004.

[6] 耿琴玉，吴佩云，金永安等.纺织纤维与产品 [M].苏州：苏州大学出版社，2007.